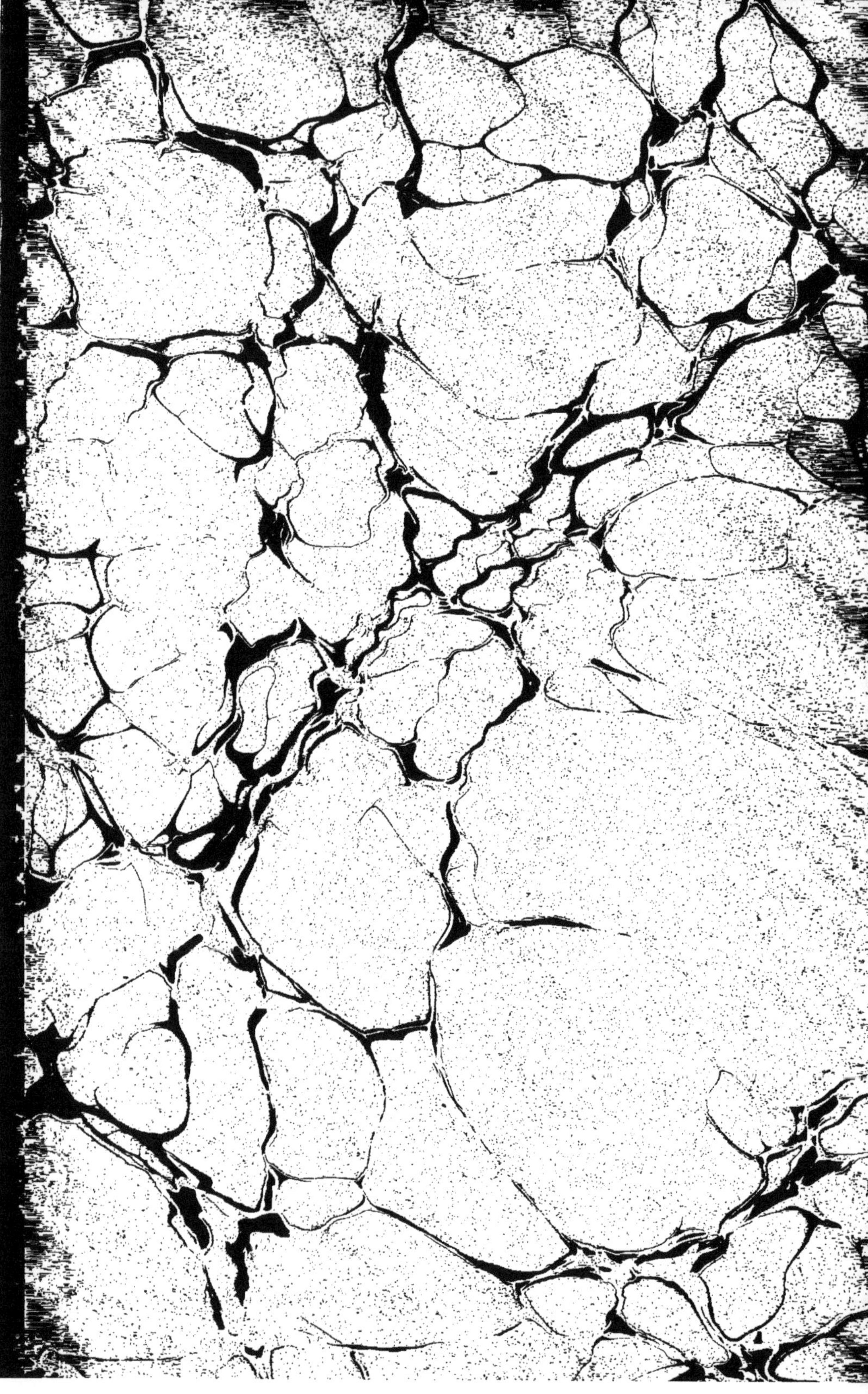

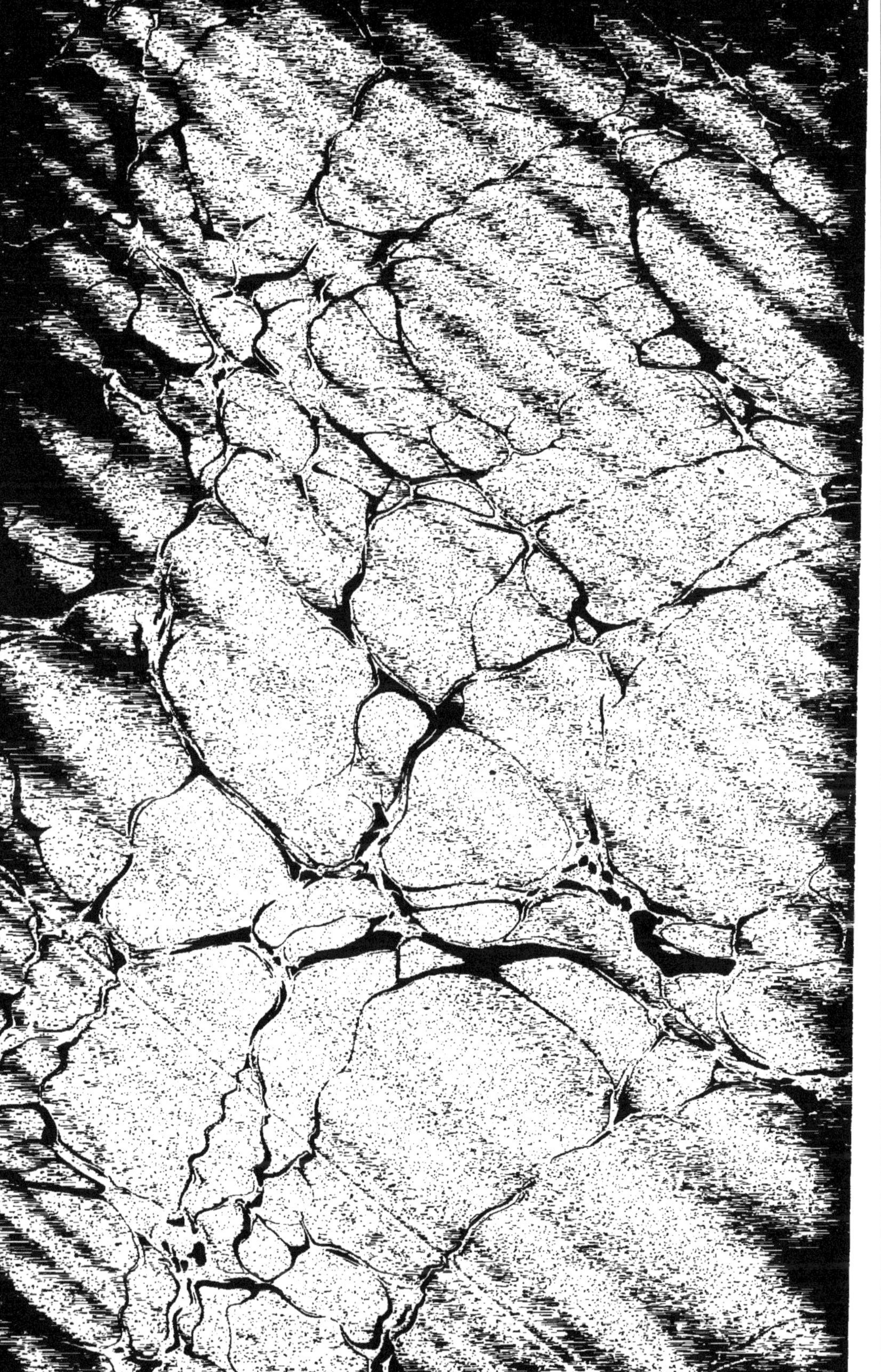

CHARLES DIGUET

MES AVENTURES DE CHASSE

OUVRAGE ORNÉ
DE QUARANTE-CINQ GRAVURES DANS LE TEXTE,
DE DIX-HUIT GRAVURES HORS TEXTE, D'APRÈS LES DESSINS DE JULES DIDIER
et Précédé d'un Portrait de l'Auteur

PARIS
LIBRAIRIE FURNE
JOUVET & CIE, ÉDITEURS
5, RUE PALATINE, 5

M DCCC XCIII

MES

AVENTURES DE CHASSE

IL A ÉTÉ TIRÉ DE CET OUVRAGE

DIX EXEMPLAIRES SUR PAPIER DU JAPON

numérotés à la presse.

CHARLES DIGUET

MES AVENTURES DE CHASSE

OUVRAGE ORNÉ
DE QUARANTE-CINQ GRAVURES DANS LE TEXTE,
DE DIX-HUIT GRAVURES HORS TEXTE, D'APRÈS LES DESSINS DE JULES DIDIER
et Précédé d'un Portrait de l'Auteur

PARIS
LIBRAIRIE FURNE
JOUVET & CIE, ÉDITEURS
5, RUE PALATINE, 5

M DCCC XCIII

PRÉFACE

A MES CONFRÈRES EN SAINT-HUBERT

Un batteur de buissons est nécessairement un conteur d'histoires.

Quand il ne chasse pas, il aime à causer chasse et à faire part de ses souvenirs. Ce sont encore là les meilleurs romans et la poésie la plus vibrante. J'aime passionnément la chasse pour l'amour d'elle-même et en raison des plaisirs multiples qu'elle me donne. Je trouve en elle une poésie ésotérique et violente qui me ravit.

Pendant les haltes forcées, les paysages vus et bien vus défilent devant moi avec leur cortège d'impressions diverses.

Ce sont ces souvenirs, histoires vécues, trouvées dans la lande, au marais, sous les frondaisons vieil or, ou à travers les bruyères piquées de rose, que j'ai rassemblés à l'intention des disciples de saint Hubert. Ils y trouveront des drames hélas! les folles gaietés des jours de belle humeur, comme aussi des récits naturalistes faits par les animaux eux-mêmes.

Je disais dernièrement à un passionné comme moi de la vie des champs que, dans le nombre des lièvres que j'ai tués, il s'en trouve soixante-dix à quatre-vingts dont je pourrais raconter la fin en vingt ou trente lignes, consignant les moindres détails comme s'ils dataient d'hier : la couleur du sillon; la trouée de l'un à travers le sainfoin rose; le labour avec les chardons à feuilles vert-de-gris; la touffe d'herbes blanches d'où a bondi tel autre; le pelage plus ou moins foncé de chacun et la description nette du décor.

J'appellerais cela « Contes en trente lignes ».

Peut-être ceux qui ne voient pas seulement dans la chasse un animal à tuer trouveraient-ils à cette lecture un certain attrait, car l'histoire de l'un de nous est l'histoire de tous.

Mais le bon livre est presque toujours celui qu'on n'écrit pas!

Je me contente, pour aujourd'hui, d'offrir à mes gais compagnons : *Mes Aventures de Chasse.*

CHARLES DIGUET.

MES
AVENTURES DE CHASSE

MES PREMIÈRES ARMES

EN SAINT-HUBERT

Dès l'âge de quatorze ans, avant d'*opérer moi-même*, je m'attachais aux chasseurs de ma connaissance, les accompagnant à travers les guérets, sans souci du soleil brûlant à l'ouverture, m'inquiétant fort peu du froid de l'hiver. J'éprouvais un singulier plaisir à me faire porte-carnier, et déjà j'assistais, en spectateur passionné, aux péripéties si séduisantes que la ruse et l'adresse convertissent en véritables tournois.

Deux années encore, pendant les vacances, je me complus dans mes modestes fonctions de porte-carnier : observant les maîtres, ramassant le gibier, jugeant des coups, me rendant compte des allées et venues, inspectant les terrains, tâchant de découvrir un lièvre au gîte, surveillant la remise des perdrix. Combien j'étais heureux lorsque, prenant à part un chasseur, je le conduisais droit à un couvert où j'avais vu s'appuyer un ou deux perdreaux ! Alors, qu'au bruissement métallique de leurs ailes, je suivais des yeux le fusil à l'épaule, je ne respirais plus. Anxieux, j'attendais.

Si le perdreau culbutait, je me trouvais aussi fier que le tireur ! N'était-ce pas moi qui, ne le perdant pas de vue, avais conduit le chasseur sur lui ? Il m'appartenait bien un peu !

Et lorsque j'entendais dire, en me désignant :

— Il ira bien, le petit, il a de l'œil!

J'étais dans un état de joie impossible à décrire ! Mes yeux brillaient et je redoublais d'ardeur en faisant de mon mieux le chien, afin d'attraper au vol un nouveau compliment.

Je m'imaginais, dans ma tête enfantine, que je faisais partie de la chasse, et, rentrant le soir à la maison, je prenais un peu pour moi une partie des éloges qu'on distribuait aux plus heureux.

Je racontais comment, suivant de l'œil un volier de perdrix, j'avais conduit le chasseur à la remise, en les tournant et, de cette façon, fait enfler *mon carnier*.

— Sans moi, pourtant, vous ne les auriez pas tuées, ajoutais-je quelquefois avec une outrecuidance comique!

Puis, il m'arrivait de rectifier les récits des narrateurs. J'avais, en spectateur désintéressé, marqué les coups, et pas un détail ne m'était échappé. Aussi, comme les enfants, j'avais la vérité brutale.

Toutefois, le rôle de simple comparse finissait par me peser.

La poudre brûlée à mon nez par les autres m'empêchait de dormir.

Je cherchais, pendant les chasses, à aviser un chasseur complaisant qui voulut bien me laisser tirer un coup de fusil.

Ce simple coup de fusil eût fait mon bonheur et eût été pour moi comme le merle blanc. Hélas ! à la chasse comme au jeu, il n'y a pas d'amis! D'ailleurs, cette complaisance eût pu coûter, à celui qui l'aurait eue, un lièvre ou une perdrix.

Pendant que je tenais le fusil, le gibier eut fort bien pu en profiter et, nécessairement, je l'ai appris depuis, un chasseur ne veut pas compromettre sa chasse !

On me promettait pour le retour.

Mais, au retour, il y avait toujours des raisons pour ne pas tenir une promesse arrachée à l'importunité.

Les chiens rencontraient !

Il fallait être sur ses gardes,

Un perdreau s'était remisé au bord d'une haie,

Le coup était difficile, je ne pouvais le tenter :

Cent bonnes raisons, en réalité, que je trouvais plus mauvaises les unes que les autres!

En fin de compte, les perdrix tombaient, les lièvres faisaient le manchon, les cailles et les râles décrochés jonchaient les trèfles, et moi je regardais!

On naît chasseur absolument comme on naît poète.

Pour mon malheur, autrement dit, pour mes appétits non satisfaits, la Providence m'a fait naître l'un et l'autre.

Donc, moi qui, pendant deux ans, avais été comme victorieux de me glisser parmi les chasseurs, partageant abondamment leurs peines, et — je le croyais alors — participant bien un peu à leurs mérites, je me trouvai un zéro fait pour être placé à la droite d'un chiffre.

Jusqu'alors j'avais été un soldat sans fusil! Le carnier que j'avais si longtemps porté me parut lourd, chargé des *dépouilles d'autrui.* Perdrix, cailles, lièvres, lapins, n'étaient point miens, je ne pouvais me faire illusion.

Je voulais bien de la carnassière, mais il me fallait la remplir!

Horace, le poète d'aimable mémoire, jeta son bouclier au fort de la bataille; — cela n'est certes point à sa louange — mais enfin l'histoire est là!

Moi je jetai le carnier et je me mis à la recherche d'un fusil.

Qu'importait la besace?

N'est-ce pas dans le fusil qu'est la chasse?

Ma mère me fit cadeau d'un joli petit fusil à deux coups, calibre 20, dont la crosse en noyer était ornementée d'une tête de cerf avec sa ramure.

Ce jour-là fut un des jours heureux de ma vie, et je m'en souviendrai toujours.

J'étais quelqu'un; j'avais rompu mes lisières, je marchais seul! Je ne songeai plus alors à accompagner les autres.

D'ailleurs, je n'avais pas de permis.

Mais que m'importait ! Je préférais tuer une douzaine d'oiseaux *à moi tout seul*, que de ramasser un lièvre boulé par un autre.

Tout le plaisir que j'avais éprouvé à cette besogne d'apprenti était déjà relégué aux neiges d'antan.

« Mon verre n'est pas grand, mais je bois dans mon verre », a écrit Alfred de Musset. Je ne connaissais point encore le vers du poète, mais je le mettais en pratique comme un aphorisme de la nature.

Tant il est vrai que le poète est le sage en ce bas monde. Ainsi, comme l'enfant qui marche seul, je me mis en route : fusillant les oisillons qui se tenaient à ma portée sur les branches. C'était pendant les vacances et, durant deux mois, j'éprouvai un plaisir sans bornes. Que d'impatiences je donnai à la cuisinière pour plumer toutes ces épaves de mes premières chasses !

Le premier oiseau un peu fort que je tuai fut un sansonnet !

Dans un enclos d'un hectare, attenant à la cour de la ferme, un jour un berger, qui faisait paître ses moutons, m'aperçut me glissant prudemment le long des haies pour tâcher de tirer un moineau ou un bruant. Il m'appela.

Un volier de cent cinquante à deux cents étourneaux était abattu sur son troupeau.

Il me fit marcher à ses côtés, et j'approchai de façon à voir les sansonnets de très près. Déjà, je tourmentais la détente de mon cher fusil. Cinq étourneaux étaient perchés sur un mouton qui paissait tranquillement sans souci de ces parasites becquetant sa toison.

Peut-être le berger me vit-il trop ardent ou se méprit-il sur mes intentions.

Toujours est-il qu'il me posa la main sur le bras et me dit :

— Surtout, ne tirez pas sur les moutons.

La recommandation était superflue.

Il ajouta :

— Voici deux étourneaux en arrière ; attendez qu'ils soient à coup pour tirer et, quand la compagnie s'envolera, envoyez votre second coup.

J'avisai un de ces oiseaux un peu en arrière des moutons et, le visant avec tout le sang-froid dont j'étais capable, je pressai la détente.

L'oiseau resta à terre. Je courus le ramasser, mais j'oubliai de tirer dans le volier. J'étais si content ! En trois minutes, ce digne berger était devenu pour moi comme un ami d'enfance. Je lui serrai la main, puis je me rendis au pas de course à la maison.

En entrant, sans proférer une parole, je montrai mon sansonnet que je tenais par la patte. Je lui avais donné une position artistique : son aile cassée pendait assez élégamment. J'étais fier comme un chasseur d'izards !

Eh bien ! j'éprouvai immédiatement une désillusion ! Je pensais qu'on allait admirer mon adresse et me féliciter.

A mon éloquent langage muet, ma mère répondit :

— Tu jettes donc toujours ta poudre aux moineaux !

La qualification de *moineau* à un *gros* oiseau comme celui que je venais de tuer me sembla un blasphème ! J'étais un peu penaud. Que faire, cependant? Sans permis, je ne pouvais aller bien loin ! Je me consolai en ajoutant des merles et des mauvis au susdit sansonnet.

Huit jours après, m'étant aventuré dans la campagne, un volier de six perdrix se leva devant moi; j'en tuai une. Cette fois-là, je me décernai à moi-même le brevet de chasseur.

On me fit fête au logis, je fus réellement heureux. Lequel d'entre nous, fervents de Saint-Hubert, ne se rappelle les circonstances qui ont accompagné son *véritable* premier coup de fusil, c'est-à-dire la première pièce de gibier abattue?

Qui ne voit encore après vingt ans, après cinquante ans, au soir de la vie, quand on se remémore le passé, qui ne voit le décor dans son entier : ce joli petit tableau champêtre, ce Corot, ce Daubigny, ce Français; et dans le coin du cadre, la pièce de gibier, plume ou poil, palpitante encore! Combien de fois nous l'avons palpé, ce premier gibier, rabattant ses plumes ou lustrant son poil.

Avec quel soin nous l'avons introduit dans notre carnassière, le caressant du regard!

Mais tout cela est bien loin; depuis, de sérieuses et larges émotions ont succédé à ce premier enchantement de la vie de plein air, sans le faire oublier cependant.

A quelque temps de là, je suivais une de ces grosses haies qui forment taillis en basse Normandie; le fossé au milieu est planté d'ormes de chaque côté. J'avais mis mon chien dedans, et moi, le fusil prêt à mettre en joue, l'œil au guet, j'attendais qu'un mauvis ou un merle détalât pour tirer.

J'avais parcouru un tiers de la haie, quand un merle partit en poussant son cri.

Je l'ajustai.

Mais, bah! je ne savais pas encore jeter mon coup de fusil, en sorte que, pendant que je visais consciencieusement, l'oiseau eut le temps de faire un crochet et de rentrer à la haie vingt pas plus loin.

Je m'en voulais de mon peu de vivacité; et je pensais en moi-même:

Un volier de perdrix se leva devant moi, j'en tuai une...

— Si tu reparais, prends garde !

Tout à coup, j'entends ma chienne qui donne un coup de voix et au même moment, je vois débucher de la haie et me passer à bonne portée un beau lièvre.

J'ajuste.

Pan !

Pan !

Du premier coup je lui casse la cuisse, du second il roule, puis se relève, trébuchant entre les mottes de terre. Ma chienne arrive et l'empoigne. Tout cela fut fait si rapidement que je ne pouvais en croire mes yeux.

Enfin, je saisis l'infortuné qui avait payé de sa vie la rentrée du merle. C'était un bouquin de sept livres. Cette fois, j'étais triomphant ! j'avais gagné mes galons. On me promit un permis pour l'année suivante.

Chasseur d'instinct et de race, j'allais enfin être officiellement admis au nombre des disciples du Saint !

Depuis lors, j'ai tiré bien des coups de fusil, arpenté bien des plaines, broussaillé à travers bien des bois, manquant du gibier et en tuant; j'ai supporté les plus grandes chaleurs, enduré le givre, la neige, des froids excessifs, passant des nuits au gabion, me creusant des trous dans la neige pour attendre la sauvagine : en un mot, j'ai chassé partout où j'ai pu et quand je l'ai pu, sur les rivières, sur mer ; j'ai tiré de presque tous les gibiers qui peuplent notre pays; et je continue toujours.

J'ai tenu à consigner ces émotions premières, comme on aime à lire et à relire les choses pour lesquelles on a du goût.

Le chasseur! voilà le véritable philosophe.

Exempt des ennuis meurtriers qui usent l'âme, il n'a que faire de chercher à bien discipliner son cœur, son âme et sa volonté; il reste, lui, incapable de s'abandonner aux joies bêtes.

Le chasseur est le seul homme aimant réellement la campagne et la comprenant dans tout ce qu'elle a de charmant et de salutaire. Songeur parfois, il se mêle à ses rêveries tout un charme poétique : intérieurement il s'attendrit en contemplant les tableaux inattendus que la nature prodigue fait surgir à chaque pas.

Content de peu, le fusil sur l'épaule, son chien sous la main, aspirant le grand air, voilà ce qui lui suffit aujourd'hui, demain et encore après. A lui seul peuvent s'appliquer ces mots : « A chaque jour suffit sa peine! »

S'il est avéré que les plaisirs sensuels détournent l'homme des hautes pensées et énervent la volonté, il est incontestable que la chasse élève le sens moral. Elle refait l'homme débile, au moral comme au physique; elle le maintient complet dans la voie droite pour laquelle la Providence l'a créé.

Sa devise est : *Au droit chemin.*

A tous les dévoyés, à tous les déclassés et déraillés qui ont usé la vie jusqu'en les dernières fibres, je dis : fuyez la ville et, sans vous charger d'un lourd bagage, avec votre fusil et votre chien, campez votre tente des derniers jours, soit au bord d'un bois de quelques arpents, soit à quelques stades des rivages de l'Océan.

C'est là que vous aurez vécu les seules bonnes heures de votre vie!

J'espère bien un jour faire ainsi!

Que m'importeront les batailles de la vie où j'aurai peut-être laissé le meilleur de mon être? Que me feront les plaisirs factices qui brûlent le sang, affadissent la volonté? J'aurai rompu avec toutes ces orgueilleuses fascinations au fond desquelles il n'y a que le néant. Insoucieux des agitations fébriles qui vous donnent cette sotte soif, des hypocrites adhésions d'un monde égoïste, ayant repris pleinement possession de moi-même, je choisirai le dernier coin avec transport.

Dès l'aube jusqu'au soir, mon fusil et mon chien ; le soir un bon livre, poète ou philosophe, ces vrais amis : telle sera ma vie. Et puisse-t-elle, ainsi réglée, se prolonger le plus tard possible !

Les bruits du dehors m'arriveront peu ou point, encore seront-ils couverts par la voix de la mer ou par les gémissements du vent agitant les arbres des bois. L'hiver avec sa rude poésie, les belles journées avec leurs strophes joyeuses seront pour moi le livre nouveau, sans fautes typographiques, à la lecture vivifiante.

Chaque page aura mon sourire et l'éditeur responsable mes hommages !

Ainsi soit-il fait un jour pour moi, et pour vous, mes compagnons de la gaie science !

SERPOLET ET SERPOLETTE

Maintenant que les bêtes parlent !

Il fait grand froid. Un croissant de lune très pâle éclaire la campagne ensevelie sous un lourd manteau de neige ; les arbres dénudés agitent leurs branchages grêles sous le souffle glacé de la bise du Nord.

Tout a un aspect triste et désolé ! A peine si çà et là quelques brindilles d'herbes desséchées émergent de la couche blanche qui ensevelit toutes choses. Encore ces brindilles sont-elles couvertes de givre. Triste pâture pour les habitants de la plaine et des bois, qui n'ont point jusqu'à présent trouvé le procédé des conserves pour la dure saison et les temps de disette.

Deux pauvres lièvres, sortis du bois voisin pour le gagnage, ont traversé la plaine sans rencontrer le moindre brin d'herbe fraîche afin de se réconforter. Ainsi que cela arrive à ceux de leur espèce pendant les mois noirs, ils ont résolu de se rapprocher des habitations, car là il y a toujours quelque chose à glaner, soit aux environs des granges, soit dans les jardins potagers que d'épaisses haies ou de misérables treillis séparent de la campagne. Tout à coup, ils se sont trouvés en face d'une série de pals mal joints clôturant une cour attenant à une ferme.

Curieux de savoir si cette haute palissade noire et couverte de moisissures ne cache pas une franche lippée, laquelle serait si bien venue en cette lugubre saison, le mâle, l'œil au guet et l'oreille tendue pour percevoir le moindre bruit, s'approche d'une petite ouverture

Curieux de savoir si cette haute palissade noire et couverte de moisissures ne cache pas une franche lippée...

formée par l'écartement de deux solives, et le pied sur la traverse d'en bas, examine l'intérieur de l'enclos.

A côté de lui, sa femelle accroupie, les oreilles couchées sur le dos, la narine dilatée et son gros œil rond en observation, attend, anxieuse de savoir si elle aura son souper.

Car, depuis plusieurs jours que la neige tombe, on ne mange que peu ou prou.

L'air vif, joint aux longues randonnées, creuse singulièrement l'estomac!

Le bouquin, un beau financier à poil roux, a nom *Serpolet*; sa compagne s'appelle *Serpolette*.

« Ah! dit celle-ci, un peu aigrie par leurs recherches infructueuses, si nous n'avions pas quitté le parc des Bruyères où nous avons été élevés! Nous aurions à cette heure, sinon un repas copieux, du moins quelque chose à nous mettre sous la dent; tandis... »

Tout d'abord, Serpolet ne répondit pas.

Sans doute il ne jugeait pas utile de se livrer à une discussion oiseuse, surtout en un pareil moment; puis il était absorbé par son observation. Car à lui aussi, l'estomac tirait fort.

Au bout d'un moment, Serpolette reprit d'une voix aigre-douce :

« Nous sommes bien avancés à présent! Courir à travers la neige, exposés à des dangers de toute sorte, puis rentrer au petit jour transis et affamés. Je suppose que tu n'as rien trouvé? Tu n'aperçois pas même une racine d'arbre à ronger?

— Il est bien temps de te lamenter à présent, répondit Serpolet! lorsque à l'époque dont tu parles nous avisâmes une brèche faite au mur du parc par quelques moellons tombés, tu ne fis aucune objection de la franchir. Huit hectares muraillés nous mettaient bien à l'étroit et nous avions soif de grand air et de liberté. Aujourd'hui, c'est le revers de la médaille, et les bons jours reviendront.

Serpolet était un philosophe.

« Mais, ajouta sa compagne, les chasseurs, les braconniers, les collets! Tu comptes cela pour rien? Je ne m'explique vraiment pas comment, depuis deux mois que nous avons quitté les Bruyères, nous n'avons pas été tués vingt fois. En vérité, c'est miracle! Si nous retournions là-bas?

— Et la liberté?

« Nous la reprendrions quand nous le voudrions... à la belle saison. Au fond, on nous aimait bien là-bas, et nous n'avions rien à craindre. Miraud, le petit Beagle, et Black lui-même, le favori du maître, se contentaient de nous souffler au poil quand ils nous rencontraient; mais ils ne nous faisaient point de mal. Le dernier nous avait connu quand nous étions tout petits, et nous buvions tous les trois à la même jatte de lait.

— C'est le souvenir du lait qui te revient en mémoire, Serpolette, ma mie; mais crois bien que nous n'en trouverons plus à présent dans le parc.

« Nous trouverons autre chose! Et puis, tu sais que les maîtres avaient soin de jeter dans le parc des épluchures de carottes, des pommes et autres bonnes choses que nous dédaignions alors, à part les pommes, cependant. Tiens! cela valait mieux encore que notre vie vagabonde.

— Depuis que nous sommes partis, tout cela a dû changer, et je crains bien que nous n'ayons que des mécomptes. A cause de nous, on ne chassait pas dans le parc; qui sait maintenant? Et puis les braconniers.

« De ce côté-là nous étions à l'abri.

— Mais la brèche! Crois-tu que, si elle nous a servi pour sortir, elle ne soit pas là pour leur permettre de s'introduire la nuit.

Tous ces raisonnements n'eurent aucune influence sur Serpolette, qui insista. Au fond, Serpolet n'aurait pas été fâché de trouver un bon souper; et comme on aime à croire ce que l'on souhaite, il finit par se dire que peut-être la hase avait raison.

— Tu le veux, allons.

Et les deux lièvres s'en retournèrent au petit trot à travers la plaine blanche, dont ils connaissaient les coins et recoins. Ils arrivèrent aux Bruyères, devant les murs du parc. Ils cherchèrent la brèche, mais en vain. Des maçons étaient venus, et le mur n'offrait plus de solution de continuité. Ce fut un véritable désappointement. Un lièvre saute bien, surtout quand il lui faut défendre sa vie; mais la hauteur était en vérité trop considérable. En longeant le parc, on arrivait à un mur beaucoup plus bas, qui entourait le jardin anglais, au fond duquel se trouvait l'habitation. Une grande grille à barreaux serrés clôturait le parc du côté du jardin. Nos deux vagabonds franchirent le petit mur et se trouvèrent dans ce jardin anglais qu'ils connaissaient mieux que par ouï-dire, y ayant pris leurs ébats alors qu'ils avaient à peine cinq semaines. Un lièvre reconnaît toujours l'endroit où il a été élevé.

Enfin, tant bien que mal, ils trouvèrent à faire leurs dents sur des arbustes et apaisèrent la fringale qui les tourmentait. La pitance était maigre, mais tout est relatif. Puis, ils étaient à l'abri.

Si Serpolette, dans le moment que nous savons, s'était prise à regretter les Bruyères, sa fuite, ainsi que celle de Serpolet, avait causé un chagrin réel aux habitants du petit château ; en particulier à Mlle Estelle, jeune fille de seize ans, et à son frère Paulin, auxquels l'année d'avant le garde les avaient apportés, alors qu'ils étaient gros comme de petits rats. Ce jour-là avait été une fête pour les enfants, qui les avaient adoptés immédiatement voulant les élever eux-mêmes et leur rendre la vie charmante. Estelle les avait incontinent baptisés de noms appropriés à leurs goûts, les appelant Serpolet et Serpolette et adoptant le premier comme son bien propre.

Les deux petits sauvages répondirent de la meilleure grâce du monde aux soins de cette jeune mère improvisée. Et à peine leur eut-elle deux ou trois fois frotté le museau de son doigt trempé dans du lait, qu'ils se mirent d'eux-mêmes à boire dans la jatte, goûtant cette friandise avec empressement. En peu de temps, ils se familiarisèrent si bien avec les hôtes de la maison qu'ils allaient et venaient sans avoir peur de rien; et si quelque bruit insolite ou l'arrivée d'un personnage qu'ils n'avaient pas l'habitude de voir les effrayait, ils sautaient sur les genoux de leur aimable maîtresse, se cachant le nez dans sa robe comme un bébé sollicitant aide et protection de sa mère.

Il n'était pas jusqu'au chien d'arrêt Black qui ne leur prouvât son amitié, buvant le lait à la même écuelle, sans que ceux-ci s'en dérangeassent d'une longueur d'oreille. C'était en vérité charmant.

Ils grandissaient en bonne humeur et en espiègleries.

Serpolet et Serpolette ne tardèrent pas à être célèbres à deux lieux à la ronde.

On leur fit faire connaissance avec Miraud, le chien courant; après quelques présentations en bonne et due forme, celui-ci comprit qu'ils étaient de la maison et que les animaux de chasse n'avaient pas coutume d'être traités de la sorte. Son parti fut bientôt pris. S'il ne fut pas aussi intime avec eux que Black, il demeura une connaissance courtoise. Il n'y eut que le chat — cette race est peu éducable — lequel conserva une attitude presque froide. Il regardait souvent en dessous d'un œil qui ne signifiait rien de bon. Mais cela ne dura pas longtemps. Estelle elle-même prononça l'exil du chat, et nous pensons qu'un jour, le père, craignant un retour fâcheux du sournois, lui dépêcha dans la campagne un coup de fusil. Toujours est-il, on ne le revit plus.

Serpolet et Serpolette coulaient dans le domaine des Bruyères des jours tissés d'or et de soie.

Bien qu'ils eussent une pièce pour eux deux et la cuisine, où ils couraient à leur fantaisie, ils avaient en plus, comme Black, l'entrée de tous les appartements.

Or, il arriva qu'un jour Serpolet commit une frasque qui, si elle fit bien rire sa jeune maîtresse, ne fut pas goûtée de tout le monde.

C'était à un dîner de cérémonie; une quinzaine de personnes se trouvaient réunies au château des Bruyères. On était en train de faire honneur à une bisque d'écrevisses lorsque subitement Serpolet, auquel on ne pensait nullement, fait irruption dans la salle à manger, et, d'un bond, se carre sur la table, non toutefois sans avoir chaviré en passant une pleine assiette de bisque sur une grosse dame, la femme du notaire.

Cris de la dame, dont la robe couleur aventurine est complètement perdue; pâmoison d'une demoiselle de trente-cinq ans, saisie de frayeur; perturbation générale et saisissement du pauvre Serpolet! Effrayé lui-même du vacarme dont il est cause, il s'assied dans le ravier aux olives et s'y oublie!

Mais on ne s'aperçut de ce dernier méfait que lorsqu'on fût aux hors-d'œuvre.

Lui ne demanda pas son reste et disparut aussi prestement qu'il était arrivé.

Quand cette alerte fut calmée, les uns rirent beaucoup de l'aventure. Le père d'Estelle gronda sa fille pour la forme, et quelques-uns proposèrent de venir manger le râble du sacripant. La grosse dame était de cet avis; elle songeait à sa belle robe.

La demoiselle de trente-cinq ans déclara que cette punition l'empêcherait de recommencer, prétendant qu'il n'y avait point de plus fin manger qu'un râble, et que, pour cette fois-là, on ne le chasserait point de la table. On se mit à rire de cette aimable sortie, à part Estelle; celle-ci, toute confuse de la malencontreuse idée de son protégé, ne savait quelle contenance tenir.

Mais si Serpolet fut en pensée mangé à la broche et à la marinade, il n'en eut pas moins la vie sauve, et le lendemain il fut trouvé aussi aimable, sinon plus, par sa charmante maîtresse.

Toutefois, on songea à lui donner, à lui et à sa compagne, qui commençaient à trouver l'espace trop étroit, une liberté plus grande.

Tout d'abord on leur livra le jardin anglais, qu'ils ravagèrent de la belle façon.

Puis il fut question de les lâcher dans le parc. Ils y trouveraient des congénères et y jouiraient de huit hectares de belles promenades, futaies, taillis de deux ans, et de quelques arpents de plaine.

Ils seraient là comme de vrais coqs en pâte.

Nous avons vu comme l'appétit vient en mangeant, et combien, par la suite, ce petit domaine, très sortable pour des lièvres sans ambition, leur parut mesquin.

Avant de les mettre dans cet enclos, le suprême bonheur pour eux, il fut bien stipulé par Estelle et Paulin qu'ils vivraient à leur guise et que jamais on ne les tuerait. Et cela étant, comment les reconnaître? Car il fallait bien se persuader que dans cette vie de liberté, ils reprendraient quelques-uns de leurs instincts sauvages, s'ils ne perdaient pas absolument le souvenir de leur domesticité.

Le père d'Estelle proposa de leur fendre à chacun une oreille, ainsi que l'on fait quelquefois aux hases afin de les distinguer des bouquins.

La jeune fille et son frère bondirent d'indignation et repoussèrent, comme il le méritait, ce procédé barbare. Estelle décida qu'elle mettrait une faveur bleue au cou de Serpolette et une faveur rouge à celui de Serpolet. Ainsi décorés, nos deux héros se virent ouvrir la grille du parc, dans lequel ils piquèrent une course à travers les buissons et disparurent sur-le-champ.

Chaque jour Estelle et Paulin faisaient visite au parc afin de revoir leurs favoris. Ils furent plusieurs jours sans les apercevoir, ce qui les désola beaucoup. Ils eurent beau les appeler par leurs noms, en mettant le plus de tendresse possible dans la voix, les sauvages ne parurent point. Étaient-ils déjà ingrats? Enfin, le sixième jour on aperçut Serpolet orné de son ruban rouge; il vint même se faire caresser par sa petite maîtresse.

Celle-ci en éprouva une joie sans mélange.

Il manquait Serpolette; mais elle reviendrait.

En effet, deux jours après, Serpolette parut en compagnie de son mari. Je n'ai pas besoin de vous dire s'ils furent choyés!

A la tombée de la nuit, ils prirent ainsi l'habitude de venir l'un et l'autre à l'entrée du parc, où ils étaient sûrs de rencontrer leurs jeunes maîtres, leur apportant des friandises.

Un soir, Serpolette se fit voir sans son collier bleu. Celui de Serpolet tenait encore, mais bien peu.

Sur l'observation de son père que cet ornement pourrait bien, à un moment donné, faire l'office de collet, la jeune fille le débarrassa aussi de sa cravate en soie.

Dépouillés de leurs ornements, ils n'en continuèrent pas moins à venir à l'appel pendant quelque temps, puis on ne les vit plus l'espace de huit jours.

Fort inquiets, Estelle et Paulin parcoururent le parc en tous sens, répétant les noms de Serpolet et de Serpolette aux échos.

Point de Serpolet, point de Serpolette!

Quelques semaines s'étaient écoulées : le frère et la sœur découvrirent la fameuse brèche dont nous avons parlé.

Plus de doutes! les ingrats étaient partis!

Un coin de mur s'était effondré; c'est par là qu'ils avaient pris la clef des champs.

Le garde fut chargé de battre la campagne aux environs du parc, mais ce fut peine perdue.

A coup sûr, quelque braconnier avait dû tuer ces deux pauvres êtres sans défense et si peu initiés aux ruses de leur gent.

Nous savons, nous, que l'amour de la liberté les avait tentés et combien ils avaient été punis de leur escapade, regrettant, dans le jour de froid où nous les avons vus errant dans la neige, les huit hectares muraillés où ils vivaient si bien en sûreté.

Le deuil s'était éclairci. Il n'est si abondantes larmes que le temps ne finisse par tarir. Cependant, au château on pensait souvent à eux. Vivaient-ils encore? S'ils vivaient, par ce temps affreux de froidure, combien ils devaient être malheureux, eux si gâtés autrefois!

En faisant leur petite tournée dans le jardin anglais, broutant ce qu'ils pouvaient des arbustes, les deux fugitifs avisèrent une petite porte ouverte donnant dans le potager. La délibération ne fut pas longue : ils y entrèrent et purent jusqu'au jour trouver de quoi satisfaire leur appétit. Après quoi ils se gîtèrent dans un carré de choux, se félicitant dans leur cœur d'avoir retrouvé le domaine de leur enfance, où ils avaient vécu exempts de crainte et sans souci du dîner du lendemain.

Deux jours après, le jardinier constatait la présence d'un lièvre dans le potager. Assez intrigué de la façon dont l'intrus se trouvait là, il alla en informer le châtelain, après avoir refermé la porte derrière lui. Le capucin au poil fauve ne s'était point sauvé à son approche, confit en sa béatitude entre deux choux de milan. Au rapport du jardinier, le maître du château se disposait à prendre son fusil quand son fils et sa fille, dans le cœur desquels vivaient toujours les noms de Serpolet et de Serpolette, intercédèrent pour le pauvre hère emprisonné par un hasard inexplicable.

Tout le monde se rendit au potager.

« Si pourtant c'était ce bon Serpolet ! » murmurait Estelle.

Jour de bonheur ! Elle ne tarda pas à se convaincre que la voix du cœur ne la trompait point, car le vagabond Serpolet, repentant sans doute de sa faute, se laissa prendre comme autrefois. C'était bien lui ! On héla Serpolette; celle-ci, l'oreille basse, se découvrit à quelques mètres de son compagnon.

On se réjouit de bon cœur au château. Un petit discours bien senti sur leur fuite inconvenante une fois terminé, on voulut les bourrer de friandises, ainsi que le firent autrefois les Nonnes pour Vert-Vert. Comme ils avaient pâti depuis plusieurs jours, ils ne dédaignèrent ni le lait ni les feuilles de salade. Mais les jours suivants, repus et ressentant encore les effets de l'ivresse du grand air, ils se montrèrent si turbulents qu'on les remit dans le parc, non cependant sans les avoir comblés de caresses, dans l'espoir qu'ils ne déserteraient plus un endroit où, au fond, ils étaient si bien.

Tout marcha comme on le désirait le reste de l'hiver et jusqu'à la fin du printemps.

Leurs petits amis allaient souvent leur rendre visite, et bien qu'ils ne vinssent plus à l'appel comme par le passé, ils se laissaient apercevoir de temps à autre.

Par une fatalité que personne n'eût pu conjurer, il arriva que, au commencement d'août, une bourrasque formidable s'abattit sur la contrée, déracinant les arbres en plein champ, et brisa un des chênes du parc, à proximité du mur. L'arbre quinquagénaire, rompu à deux pieds de sa base, se renversa sur le mur, formant un pont.

Qui a bu boira !

Instantanément, nos deux héros virent le parti qu'ils pouvaient tirer de cet accident.

Serpolette, en curieuse qu'elle était, sauta la première sur ce pont volant. Arrivée à l'extrémité, elle aperçut la plaine couverte de moissons déjà jaunissantes. Alors elle fit claquer ses deux grandes oreilles. En mari complaisant, Serpolet vint la rejoindre.

« Si nous allions dans les beaux blés? » insinua-t-elle.

Serpolet, doué d'un excellent naturel, ne tenait pas à contrarier sa compagne. Cependant il lui fit observer que les mauvais jours reviendraient, et que, dame! ils pourraient bien s'en repentir. Il lui rappela la fameuse nuit pendant laquelle ils avaient vainement cherché un brin d'herbe.

Pour toute réponse, Serpolette sauta lestement dans la campagne.

Serpolet ne pouvait pas laisser ainsi son amie affronter les dangers et courir seule par monts et par vaux; il la rejoignit!

C'en était fait: ils étaient encore une fois partis!

Les suites funestes envisagées par Serpolet furent la conséquence de cette nouvelle fugue.

Quelques jours après l'ouverture, un ami de la maison, auquel on avait prêté Black, faisait la plaine. Tout à coup le chien tombe en arrêt dans un éteul; mais contrairement à ses habitudes, il ne tient pas ferme et en agitant sa queue en signe de contentement, il houspille le lièvre et se met dans l'attitude d'un chien qui veut jouer.

« Ne tirez pas! s'écria le garde, lequel avait vu le manège, c'est le lièvre à Mademoiselle ».

Le chasseur entendit-il? Le coup de fusil partit-il nerveusement? Toujours est-il que Serpolette, car c'était elle, pour éviter les caresses fraternelles de son ami de jeunesse détala, reçut un coup de fusil et fit le manchon.

Ce beau fait d'armes faillit faire une révolution au château, car le chasseur qui la rapporta au logis n'était autre qu'un prétendant à la main de Mlle Estelle. Le mariage faillit être rompu. Fort heureument, la bouderie ne dura pas plus de deux jours.

Quant à Serpolet, il ne passa pas l'hiver.

Attaqué en plaine au mois de février par des chiens courants, il ne sut prendre aucun parti, et après deux ou trois randonnées il fut forcé. Les chiens lui donnèrent un abri dans leur intérieur. Miraud lui-même, que l'on avait adjoint à la meute, en prit sa part, indigné sans doute de l'ingratitude de ce sauvage envers ses bienfaiteurs.

Cependant Serpolet était certes le moins criminel : une faiblesse coupable pour sa fantasque épouse avait seule été la cause de sa fin misérable.

Le vieux garde, après avoir raconté la fin de Serpolet, ajouta que s'il l'avait laissé dévorer par les chiens, c'est parce que la vue du mécréant aurait causé trop de peine à Mademoiselle.

Telles sont les aventures de deux lièvres élevés en domesticité.

Ils vivraient peut-être encore si un amour effréné de la liberté ne les avait possédés au point de leur faire quitter le certain pour l'incertain, une vie heureuse pour la vie d'aventures et de misères.

Combien d'hommes, se prétendant doués de raison, agissent comme Serpolet et Serpolette, dont je viens de raconter la courte et véridique histoire.

Le parc des Bruyères est peuplé de leurs rejetons ; mais jamais plus au château on n'a voulu, en les élevant familièrement, se préparer pour l'avenir des regrets superflus.

Puis Mlle Estelle s'est mariée.

LE BON COIN

Nous n'étonnerons personne en disant que *ce bon coin*, pour les canards, est une surface plus ou moins étendue d'eau renfermant des plantes aquatiques; mais il y a étang et étang, rivière et rivière, et le canard sauvage a des préférences marquées. A part le souchet, il n'aime pas à barboter dans une mare bourbeuse à l'instar de son congénère habitué à la domesticité. Il lui faut une nappe d'eau ni trop grande ni trop profonde, isolée autant que possible, et de laquelle son œil doué d'une puissance extraordinaire puisse découvrir l'ennemi; ce qu'il recherche encore plus, c'est que cette lagune ou étang soit coupé de touffes de roseaux à travers les méandres desquels il puisse circuler sans être trop à découvert. En sa qualité d'omnivore, il choisit les eaux peu profondes, d'où émergent les plantes aquatiques dont il fait sa nourriture, piquant des pointes jusque dans les terres détrempées, qu'il piétine adroitement pour en faire sortir les vers.

Malheureusement pour les chasseurs et pour les canards eux-mêmes, car enfin, si parfois ils sont mis à mal par les premiers, ils passent de bonnes journées dans ces oasis aquatiques, que leurs instincts de voyageurs expérimentés leur font découvrir; malheureusement, dis-je, ces bons coins disparaissent de plus en plus, grâce au drainage et à l'industrie envahissante, qui a fort peu de tendresse pour les beaux sites et les chasseurs.

Cependant, Dieu merci, il en reste encore, et ces intéressants migrateurs trouvent dans l'aviation annuelle de charmantes hôtelleries, où ils peuvent goûter un repos bien mérité, après une centaine de kilomètres à travers la brume et sous le souffle d'une bise glaciale.

***

Le *bon coin*, dont il me souvienne très vivement après bien des années déjà, eut pour moi, le nom de marais de Plainville, dans le Calvados.

C'est dans ce marais que j'ai eu la joie de tirer mon premier canard.

Voilà de ces événements qu'un chasseur n'oublie pas facilement : la première perdrix, le premier lièvre, etc. Le bout de paysage au milieu duquel s'est accompli ce premier succès est aussi nettement accusé, après vingt ans, que si le fait se fût passé hier.

On était à la mi-novembre, et déjà des bandes de canards avaient été signalées présageant un hiver précoce, sinon rigoureux. Sur ce dit marais de Plainville, les colonnes d'émigrants avaient laissé en passant quelques-uns des leurs. Comme il arrive toujours, ces voyageurs d'avant-garde, ainsi disséminés, campent ici ou là selon leur goût et en raison du confortable que leur offre telle ou telle auberge de rencontre. De par la tradition, le domaine de Plainville était une étape assez recommandée au début de l'aviation. La lune ne donnant pas la nuit, c'était au passage du soir ou à l'aube qu'on avait chance de les surprendre.

Nous partîmes, le garde et moi, à cinq heures du matin, lui portant une canardière à un coup, moi mon fusil de chasse, pour gagner le gabion situé à l'entrée du marais.

Une détente s'était opérée dans l'atmosphère, et le froid avait changé de nature ; au lieu d'être sec et vif comme la veille, il était humide et pénétrant. Les étoiles, brillantes encore, avaient cependant de la peine à percer la couche glaciale de brume s'élevant de terre.

A mesure que nous approchions de l'eau, le brouillard devenait plus intense.

C'était à craindre que notre expédition eût un succès négatif. Après trois quarts d'heure de marche nous étions arrivés. Une fois enfermés dans la hutte, nous ouvrîmes les meurtrières; la nappe d'eau, avec ses séries de roseaux, se confondait avec la brume, et il était absolument impossible d'apercevoir les appelants jusqu'à quinze mètres du gabion. Ceux-ci, du reste, ne révélaient leur présence par aucun appel, plongés qu'ils étaient dans un recueillement de circonstance.

Le chasseur, habitué aux péripéties de la chasse à la sauvagine, désespère rarement.

Fermant les meurtrières par où perçait un vent coulis du plus désagréable effet, nous nous enveloppâmes de couvertures et enfermâmes nos jambes dans une botte de paille fraîche.

Ainsi accoutrés, après avoir allumé une lumière et nos pipes, nous nous mîmes à philosopher, racontant des histoires de chasse en attendant le jour.

Le garde en savait de toutes les couleurs, et le temps passa rapidement.

Vers sept heures, les canes commencèrent à pousser leur *Koin-Koin*, auquel les malards répondirent par leur *Kan-Kan* mélancolique. Cette musique, discordante pour les oreilles du commun des martyres, nous produisit au contraire l'effet d'une sonate incomparable!

C'était le signal du réveil dans les marais; l'aube de la vie active dans les joncs et les herbes aquatiques. Le jour pointait et allait dissiper la brume; ces voix s'entrecroisant en étaient un indice certain. Quand le brouillard persiste, la sauvagine ne bouge pas et le silence règne partout.

Notre lumière immédiatement éteinte, nous regardâmes sur l'étang; déjà les canards d'appel se profilaient vaguement sur l'eau.

C'est dans ce marais que j'ai eu la joie de tirer mon premier canard.

Une demi-heure à peine après, je découvris à gauche du gabion, à cinquante mètres environ, une masse noire qui paraissait immobile. Comme elle était à portée d'une touffe de joncs, je pensai que c'était un prolongement du terrain végétal.

— C'est un canard, me dit le garde, et un beau encore! Mais il est loin.

Son habitude de cette chasse ne le trompait point; de minute en minute, le jour s'accentuait et je pus m'en convaincre. C'était, en effet, un beau canard col-vert au dos gris-chiné que nous appelons vulgairement en Normandie canard de Flandre ou Flandrin.

— Un peu de patience, répliqua vivement mon compagnon, pourquoi se presser? attendez un peu afin d'y voir bien clair.

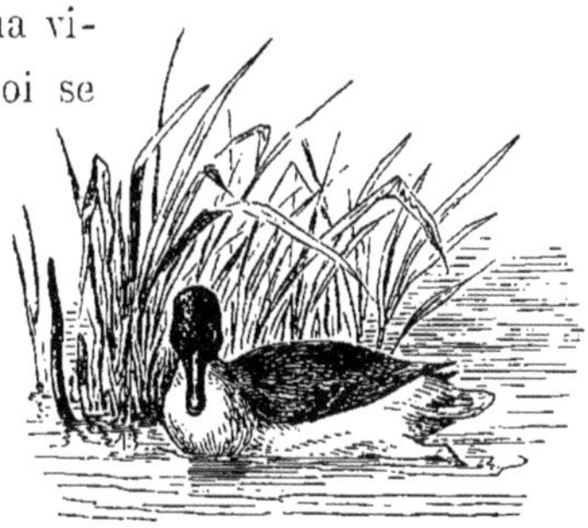

L'homme d'expérience avait raison; il était d'ailleurs prudent de s'assurer si le voyageur se trouvait bien seul.

Le jour se faisait; et à présent je le voyais nettement, se balançant mollement sur place dans une sorte de somnolence, une de ses pattes donnant comme un léger mouvement de remous autour de lui. Il était seul; mais une pareille pièce me suffisait, le garde me passa la canardière.

— Quand vous voudrez!

Je ne me fis point prier, vous pouvez le croire; seulement j'insistai pour me servir de mon fusil; il me semblait que ce gibier nouveau serait plus à moi si je le tuais avec mon fusil de chasse. La canardière me paraissait une machine impersonnelle. Hélas! elle l'est devenue bien davantage depuis; alors c'était l'âge d'or; aujourd'hui, c'est un canon à peine portatif!

Il me demanda avec quel plomb j'étais chargé; sur ma réponse que j'avais du 3 dans le second coup, il me dit : « Ça va ».

Alors il me parut que je jouais une grosse partie, de laquelle dépendait non seulement une satisfaction énorme, mais encore mon honneur d'apprenti chasseur.

J'épaulai, et, visant de mon mieux, je fis feu.

Un nuage de fumée m'empêcha de juger de l'effet de mon coup de fusil, mais le garde, par l'autre meurtrière, avait vu.

— Il y est! me cria-t-il joyeusement.

J'avais tué mon premier canard.

Je n'ai jamais oublié le *bon coin*.

LE ROUGE-GORGE

Où que je sois, je ne vois jamais la neige zébrer le ciel gris sans qu'immédiatement mon imagination me transporte en pleine campagne, là où elle est si blanche.

De toutes les poésies dont abonde la nature, une des plus suggestives à mon sens, par ses attirances, est la neige. Poésie de misère, si l'on veut, car lorsque la terre est recouverte de son blanc camail, le temps est dur aux pauvres gens et à tous les êtres animés, mais poésie réelle qui vous impressionne profondément.

La terre porte en blanc le deuil des printemps, des étés et des automnes!

Alors que, semblables à des duvets de cygnes, les flocons tombent sans bruit, je pense au calme envahisseur lequel, pareil à un ensevelissement, se fait autour des fermes et des chaumières. Peu à peu les bruits s'éteignent et l'air lui-même comme ouaté ne transmet plus aucun son. Tout se tait et les oiseaux sont sans voix.

Cette atonie générale de la nature, si connue de ceux qui vivent à la campagne et des chasseurs, me reporte fatalement au temps de ma prime jeunesse et à mes chasses enfantines; à mes fusillades de grives dans les houx, les épines et les sorbiers du jardin familial, ainsi qu'à ces petits agrainages factices de paille et de graines dans une allée ratissée, pour attirer les moineaux. Parmi tous ces oisillons, qu'en cette saison le besoin de vivre rapproche des endroits habités, il en est un, dont l'apparition subite sur une branche nimbe la neige environnante comme d'une aurore, pour lequel j'ai toujours eu une prédilection marquée tant à cause de sa belle humeur, de sa confiance absolue vis-à-vis de l'homme, que parce qu'il est l'hôte familier de toutes les chaumines qui veulent bien lui sourire.

C'est le rouge-gorge! un sympathique par excellence, l'ami des jours tristes. On le voit partout où l'homme peine : à deux pas du bûcheron qui ahanne à fendre la souche rebelle, et jusque sur le rebord de la fenêtre de la hutte du charbonnier. Je voudrais que sa vie fût sacrée pour tous.

Que de fois, en reconnaissant au milieu des misserons, verdiers, pinsons et autres, accourus vers mes mensongères aumônes, la gorge orangée et l'œil noir humide du valeureux petit oiseau, j'ai redressé mon fusil prêt à faire feu !

A combien de ses pareils a-t-il sauvé la vie?

Je l'ai toujours chéri par instinct, non qu'en ce temps-là je connusse la légende bretonne, qui raconte d'une façon si poétique l'origine de son glorieux stigmate, pas plus que les nombreuses légendes dont il est le héros au pays saxon, où son aimable familiarité l'a toujours fait respecter et où il est si populaire sous le nom de *Robin-Red-Breast;* je l'entendais appeler l'ami des mauvais jours et cela m'a suffi.

La légende bretonne si touchante, à laquelle je viens de faire allusion, n'est peut-être point très connue, aussi est-ce avec plaisir que je la rappellerai brièvement ici.

Lorsque le divin Rédempteur, trahi par Judas, abandonné de tous, s'achemina vers le Golgotha, chargé de sa croix, un tout petit oiseau, vêtu de gris brun olivâtre, auquel le Sauveur avait jeté quelques miettes le jour de la Cène, voletant de ci de là, non loin des bourreaux, suivit la sainte Victime pendant le douloureux trajet.

Arrivé au Calvaire, l'oiseau se posa à quelques pas de la croix sur une brindille d'hysope, et assista au drame sanglant. Vers la neuvième heure, Jésus, après avoir crié d'une voix forte : « Mon

Détachant une des épines de la couronne, il l'emporta.

Dieu! mon Dieu! pourquoi m'avez-vous abandonné! » abaissa son regard miséricordieux sur l'ami fidèle, et lui dit :

— Béni sois-tu, toi qui ne m'as pas abandonné!

Et aussitôt le petit oiseau prenant son vol vers le bois sacré, couvert de sanglantes rosées, se posa sur la tête du Sauveur expirant; puis, détachant une des épines de la couronne, il l'emporta à son bec et s'enfuit à tire d'ailes au moment où le mystère de la Rédemption s'accomplissait par la mort de l'homme-Dieu!

Une goutte de sang qui suintait de l'épine tomba sur la poitrine de l'oiseau et la teinta d'aurore. C'est à ce glorieux stigmate que le rouge-gorge doit son nom et l'auréole qui se transmet depuis dans sa race, de génération en génération.

En récompense de sa généreuse manifestation, Dieu l'a béni.

Je ne sais pas de récit plus attendrissant et plus suave que cette légende catholique, née en Armorique, laquelle glorifie si pleinement l'humble oiseau.

Le rouge-gorge est le premier oiseau qui se lève et le dernier qui se couche; c'est un vaillant parmi les vaillants. Vif et gai, il a le babil consolateur, même aux jours de désolation. Travailleur, il aime les travailleurs; le plus courageux de la tribu des rubiettes, il s'attaque au hibou; de plus, c'est l'ami de l'homme, dont il recherche la société.

Avec de telles qualités, ce charmant oiseau mériterait bien qu'on ne lui fît pas payer si cher sa confiance aveugle.

Hélas! lui aussi est une victime née, comme le Sauveur qui l'a béni du haut de la croix : partout, surtout en Lorraine, on se montre impitoyablement cruel envers lui. Comme il donne avec candeur dans tous les pièges, on lui en tend partout et l'oiseau à la tache de feu, ardente comme son cœur, est l'objet d'une chasse à outrance qui alimente les Lucullus au petit pied, appréciateurs de ses qualités culinaires et non des autres.

En province, ainsi qu'aux champs, les jardins sont fréquentés par un rouge-gorge, lequel établit ses cantonnements dans le rayon d'un hectare environ. Il devient un habitué, va d'un jardin dans un autre, entrant parfois dans la maison prendre un air de feu et sollicitant un grain de mil.

Chaque année, à la mauvaise saison, c'est presque toujours le même qui revient.

Au temps que j'ai rappelé, le rouge-gorge fréquentant notre jardin avait été baptisé du nom de Gulistan, ce qui veut dire en persan « Pays des roses ». Avec les premiers flocons, on était certain de le voir apparaître. Quand le froid s'accentuait, il se mettait contre la vitre où il trouvait sa provende.

Un jour, à l'approche du soir, je trouvai Gulistan pris à un trébuchet que j'avais tendu pour d'autres oiseaux. Émotion et joie tout à la fois; mais que faire? Le jour tombait et la nuit menaçait d'être dure. Je l'encageai et le mis dans une chambre chaude où il eut à souhait chènevis, millet et pain. Sans se faire prier, il fit honneur au repas et s'endormit, comme si toujours il eût été habitué à cette captivité. Le lendemain, la neige tombait avec abondance; l'oiseau ne parut pas s'inquiéter de ce qui se passait au dehors et continua gaiement sa vie de reclus. Sa captivité volontaire dura quatre jours : le cinquième, la girouette avait tourné et le soleil brillait, mon hôte s'agita dans sa prison et manifesta le désir du plein air. Je m'empressai de le satisfaire. Vers la fin du même mois, à une recrudescence de neige et de froid, je retrouvai de nouveau mon rouge-gorge dans le trébuchet.

Il resta prisonnier volontaire deux jours encore, puis demanda la clé des champs.

Ainsi, de par sa volonté, il passa à l'abri les plus durs jours de l'hiver.

Ce petit fait-divers de mes premières années d'initiation à la vie de chasseur prouve la sociabilité de ce gracieux et agréable visiteur.

Aussi, chaque hiver, alors que la neige tourbillonne, je songe au rouge-gorge et je me persuade qu'il n'est personne profondément épris des choses de la nature qui, en cette circonstance, ne pense également au glorieux oiseau dont le plastron flambant tranche si gaiement sur les blancheurs nivéennes.

UN DRAME DANS LA NEIGE

Un soir de décembre, à la campagne, la famille B..., un ami et moi, nous faisions cercle autour d'un de ces larges foyers comme on en rencontre dans les vieilles maisons normandes. Au côté droit de la cheminée, dans un grand fauteuil Louis XIV, se trouvait une jeune fille extrêmement pâle, aux yeux bleus, et dont la chevelure noire, opulente, semblait fatiguer son cou de cygne ; à côté d'elle était assis son père, un homme d'une cinquantaine d'années environ, frais, à l'œil gai. Cependant, à travers cette gaieté paternelle, on percevait de temps à autre une parole triste. De l'autre côté de la cheminée se tenait sa mère, qui ne perdait pas des yeux sa pauvre Louise.

Mon ami et moi complétions l'hémicycle.

On vint nous prévenir que le souper était servi. J'offris mon bras à la jeune fille. En passant devant les fenêtres, nous jetâmes les yeux sur la campagne. Depuis trois heures que nous étions rentrés, elle avait complètement changé d'aspect, elle était enveloppée dans un immense linceul. La neige tombait épaisse et serrée, et les arbres pliaient sous le poids.

Ma compagne tressaillit.

— Ah mon Dieu ! fit-elle.

Je crus à un accident subit. On entoura la jeune fille ; des larmes coulaient sur ses joues amaigries.

— Ma Louise ! dit la mère en l'embrassant.

Quand son enfant fut un peu remise, le père nous attira dans l'embrasure d'une fenêtre et, nous montrant la neige que nous admirions comme des enfants heureux, il soupira :

— Voici ce qui la tuera.

Nous n'osions point interroger le malheureux père. On se mit à table. Louise fit acte de présence, mais elle tremblait sans cesse ; elle jetait les yeux sur les vitres contre lesquelles les flocons venaient adhérer. Le souper fut triste, comme vous devez le penser. Lorsqu'il fut fini :

— Embrasse-moi, ma Louise, lui dit son père, et va te reposer.

Elle s'approcha de son père. Je lui tendis la main.

— Ah ! me dit-elle en essuyant furtivement une larme, n'allez pas à la chasse demain.

Je le lui promis, elle se retira. Évidemment, un mystère pesait sur la destinée de cette jeune fille, belle, âgée de dix-neuf ans. Je l'avais connue à seize ; alors elle était d'une franche gaieté : c'était un bijou vivant, sans prix ; toute remplie de jeunesse et de santé, cette poésie de l'enfance. Qu'étaient devenues ces roses ? Elle était pâle comme un lis ! Qu'étaient devenus ses grands yeux bleus, ce bel azur mouvant ? Nous, nous étions assis de nouveau autour de la grande cheminée ; le père tisonnait machinalement avec les pincettes.

— Ah ! dit-il tout à coup, pauvre Louise ! il y aura bientôt un an ! Qu'est devenue ma Louisette !

Un silence de quelques minutes suivit cette phrase ; il avait les yeux fixés sur le brasier qui s'abîmait consumé.

— Un fagot, demanda le maître de la maison.

Le domestique apporta deux bourrées qu'on délia et, en peu d'instants, la salle resplendit de nouveau aux clartés de la flamme blanche et claire.

— Ecoutez cette sombre histoire, soupira le père.

Et, sans que nous l'en eussions prié, il raconta ce qui suit :

— Je vous le disais tout à l'heure, il y a bientôt un an, un mien ami nous avait envoyé son fils pour passer quelques jours avec nous. Louise et Georges avaient presque vécu leur enfance ensemble. Ils s'aimaient, et ma chère enfant ne le dissimulait pas. Ce fut donc une joie à la maison quand j'annonçai que Georges viendrait chasser quelques jours avec nous. Depuis quelque temps, ma fille, qui connaissait la passion de son cher aimé pour la chasse, avait la folle envie de l'accompagner. Quand je l'eus avertie de l'arrivée de Georges, elle vint me trouver dans ma chambre.

— Père, dit-elle, veux-tu me faire un plaisir?

— Si je le veux, lui répondis-je, en l'attirant à moi.

— Georges arrive dans quinze jours?

— Oui, et je crois que tu en es particulièrement enchantée.

Elle ne rougit point, ainsi qu'ont coutume de le faire les jeunes personnes élevées à dissimuler.

Un baiser prépara la réponse.

— Oui, cher père, je suis heureuse au possible! Et, pour que ma joie soit complète, je viens te prier de me donner un fusil et un équipement de chasse. J'ai dix-huit ans, je suis par conséquent une grande fille. J'aime la chasse par goût, et il me sera on ne peut plus agréable d'aller par monts et par vaux, comme un véritable Fra Diavolo.

— Peste! et même dans les marais? ajoutai-je.

— Georges affectionne particulièrement cette chasse, et, étant deux, ce sera plus agréable. C'est promis? me dit-elle avec une insinuation de voix charmante.

Je n'eus pas le courage de refuser. Je connaissais Georges et je le tenais, avec raison, du reste, pour un parfait honnête homme. L'union du fils de mon ami avec ma fille était chose arrêtée. Je promis.

La chère enfant était radieuse.

Huit jours après, elle avait son costume. J'allai à Caen lui acheter un fusil et lui prendre un permis, rien n'égalait son ravissement. Il lui seyait à ravir, son costume. Les jours qui précédèrent l'arrivée de Georges, elle alla dans la campagne se faire la main. Elle était adroite; toutefois, elle avait les larmes aux yeux quand elle ramassait une grive. Au fond, Louise était plus amoureuse que chasseresse. Je m'en apercevais et je ne l'en blâmais point.

Je ne l'en blâme point encore; et cependant, c'est son amour qui la tue!

Georges arriva : je vous laisse à penser la joie! Je crus que la première parole de la fillette allait être : « Je chasserai avec vous ». Point; mais elle ne put s'empêcher de lui avouer qu'elle lui ménageait une surprise. Le lendemain, Georges et moi nous étions prêts à partir pour la chasse et nous attendions dans la salle où nous sommes, lorsque Louise descendit, équipée, le fusil en bandoulière. Georges la regardait avec stupéfaction et n'osait avancer.

— En chasse! dit-elle crânement, en soulevant de la façon la plus charmante son feutre orné d'une plume de faisan. Voilà ma surprise!

Était-elle joyeuse! Je les vois encore ces deux rayons de jeunesse, lui et elle, harcelant les buissons et ajustant les lapins; Georges les arrêtant, Louise les manquant. Elle ne tirait bien *qu'au posé*. Pauvre chère enfant! nous chassâmes plusieurs jours et, vous l'avouerai-je, jamais grandes chasses ne m'avaient procuré tant de douces joies.

Un matin, quand nous nous réveillâmes, tout était blanc comme aujourd'hui. Il avait neigé, puis gelé. On mesurait un pied de neige.

Un soleil de pourpre faisait resplendir cette blancheur, que la terre avait revêtue pour le plus grand plaisir des riches et pour le chagrin des pauvres.

— Nous voici aux arrêts, dis-je.

Georges avait déjà ses bottes.

— Au contraire, ajouta-t-il, la chasse sera bonne.

Il y avait, à un kilomètre de l'habitation, de grands marais, entrecoupés de fossés, de sources qui ne gelaient pas, et quelques mares. Comme le disait mon jeune ami, il y avait à penser qu'il ferait une bonne chasse, surtout vers le soir. Louise déclara qu'elle voulait accompagner Georges. J'obtins qu'elle n'irait pas le matin, mais seulement l'après-midi.

Vers les onze heures, Georges était de retour avec deux sarcelles et un peu de menu gibier.

Nous déjeunâmes gaiement; Louise, sans doute dans la prévision de son bonheur, fut étincelante.

Plus jamais elle ne devait rire de la sorte. Hélas! ils partirent l'un et l'autre. Tout à coup, le ciel se ternit, la gelée ne tint plus, et de nouveaux flocons se mirent à tourbillonner dans l'air.

Je les vois encore s'éloigner, le fusil sur l'épaule.

— De la prudence! leur criai-je.

Enfin, ma femme et moi, nous les perdîmes de vue. Mais, quelque peu après, j'entendis un coup de fusil.

— Voilà les enfants qui s'amusent, dis-je à la pauvre mère. Nous les appelions déjà nos enfants.

— Louise aura froid, ajoutait celle-ci.

— Bah ! répondais-je en riant, est-ce que les amoureux ont jamais froid !

Voilà quel fut le prologue du drame. Vous voyez que, jusqu'ici, il n'y a rien de bien noir. Deux enfants naissant à la vie, heureux d'aimer et d'être aimés : tels sont les acteurs.

Plusieurs fois, dans l'après-dîner, malgré la neige qui assourdissait le son, nous entendîmes des coups de feu du côté du marais. Puis nous n'y pensâmes plus, excepté à cause des vêtements chauds

que nous avions préparés pour le retour. La neige cessa cependant quelque temps ; puis, soudain, elle retomba avec une intensité terrible. On n'y voyait pas à cent pas devant soi. Je comptais les voir rentrer à chaque moment. La nuit descendit : personne ! Véritablement inquiet, je mis mes bottes et je me dirigeai vers les marais. Les chemins étaient effacés : non seulement on ne voyait aucune trace de pas, mais encore à dix mètres on ne pouvait plus s'orienter.

Cette nuit blanche était plus terrible que la nuit noire. Plusieurs fois je fis résonner une corne de chasse que j'avais emportée à dessein. Aucun bruit, aucun cri ne répondit à mon appel. Une véritable angoisse s'empara de moi. J'ignorais où je marchais : la neige ne craquait plus, elle fondait sous les pieds, le vent me jetait les flocons à la figure; j'étais aveuglé, je trébuchais. Ne pouvant ainsi continuer mon investigation, je pris le parti de retourner à la maison : pendant mon absence, ils seraient peut-être rentrés. Cette espérance me ranima, je fis volte-face. Je mis, je crois bien, une heure à retourner.

L'infortunée mère était là, demandant sa fille. Qu'étaient devenus nos enfants ?

Un malheur était arrivé.

Je connaissais pied par pied ces marais vers lesquels ils avaient dirigé leur chasse, et ces marais, entièrement recouverts de neige, n'étaient pas sans danger. Il y avait, dans l'étendue d'un kilomètre et demi, cinq ou six sources sans fond, véritables abîmes, dont l'orifice se trouvait dissimulé par des herbes poussant à la surface. Dès qu'un poids lourd pesait sur ces surfaces, peu larges, il est vrai, la masse s'enfonçait comme dans une vase mouvante. La neige dissimulait encore ces dangers. Nul doute, il y avait malheur!

Accompagné d'un domestique muni d'une lanterne sourde, je me remis aussitôt en route. Une heure auparavant les chemins étaient méconnaissables, maintenant ils étaient impraticables; on avançait fort difficilement.

Pauvres enfants!

De temps à autre, nous écoutions : un silence sinistre régnait dans la campagne. La pluie fait du bruit en tombant; la neige entasse couches sur couches, sans troubler le silence le plus absolu!

Presque perdus, le domestique et moi, dans ces plaines sans sentiers, nous nous arrêtâmes; alors nous entendîmes un léger bruit de sonnettes. Nous nous dirigeâmes vers l'endroit d'où partait ce bruit. On distinguait une lumière; c'était une charrette. Je m'informai, le voiturier n'avait rien vu. Le chemin que suivait la charrette me donna une indication : nous étions sur un chemin de traverse qui séparait les terres fermes des terres marécageuses.

Allions-nous nous engager dans cette plaine d'eau et d'herbes?

Soudain, j'entendis un hurlement plaintif. Le chien hurlait de cette voix terrible de l'animal en détresse. Les hurlements cessaient, puis reprenaient plus cassés, plus inintelligibles. La bête semblait épuisée de lassitude. Nous avançâmes dans cette direction, enfonçant dans l'eau et dans les touffes de joncs, qui, çà et là, formaient comme des îlots. Je m'arrêtais pour écouter : plus rien! Toute plainte paraissait avoir cessé.

J'avançais toujours. Enfin, j'entendis une respiration; je dirigeai la lanterne du côté d'où venait le bruit, mais je ne vis rien. Alors retentit un nouvel aboiement. Je m'élançai éperdu : c'était mon chien. L'animal était accroupi sur une masse blanche : c'était Louise, inanimée! La bonne bête maintenait sa tête sur celle de sa maîtresse, et empêchait de la sorte la neige de la couvrir. La chaleur de son haleine faisait fondre les flocons à mesure qu'ils tombaient. Je soulevai ma chère enfant, dont les vêtements étaient en lambeaux.

Il y avait eu lutte : le chien l'avait traînée une vingtaine de pas pour l'arracher à la mort.

Sa tête retomba en arrière. Était-elle morte? J'avais la main tellement glacée, que je n'osais la mettre sur son cœur pour voir s'il battait. Je la pris dans mes bras, cherchant à réchauffer son visage.

Je dis au domestique de poursuivre ses investigations et que je retournerais seul. Le chien me suivit. Après une marche si longue avec un tel fardeau je retrouvai la charrette qui nous transporta à la maison.

J'étais anéanti.

Sans proférer une parole, je déposai Louise devant le feu. Je mis la main sur son cœur : il battait! Louise vivait. Je la couvris de baisers, et en quelques secondes elle se ranima. Elle ouvrit les yeux.

— Georges? me demanda-t-elle.

Ma tâche n'était point finie, l'autre manquait. Je me mis immédiatement à la recherche du malheureux. Allais-je le retrouver vivant?

Le chien me suivit presque joyeux. Cette fois j'avais un guide. Arrivé près du marais, j'appelai : pas de réponse! Qu'était devenu le domestique? Je suivais le chien qui, de temps en temps, fouillait la neige avec son museau ; il me conduisit à gauche de l'endroit où j'avais trouvé ma Louise. La neige était moins épaisse, et l'on remarquait que les herbes avaient été foulées. J'avançais toujours, quand j'aperçus la lanterne du domestique; je le hélai et me dirigeai à sa rencontre; le chien flairait toujours. Nous étions exténués. Évidemment, nous nous trouvions sur le lieu du sinistre; Georges n'avait pas dû quitter Louise. Mais comment, par une nuit pareille, sous ce linceul, retrouver quelque chose? Chaque pas que nous faisions était périlleux.

Je ne vous dirai point quelles angoisses me brisaient le cœur. Le pauvre était peut-être là, à nos côtés. Le jour nous surprit transis, mais les premières lueurs de l'aube ranimèrent notre courage. Nous allions enfin y voir. Hélas! le jour que nous attendions allait nous édifier sur l'étendue de notre malheur. Comme, afin de hâter notre fatale découverte, la neige avait cessé, piétinée par nous, elle laissait apercevoir l'herbe en quelques endroits.

Le domestique poussa un cri! Il venait d'apercevoir le fusil de Georges; c'était donc là qu'il avait péri! J'avançais, quand, en mettant le pied derrière une touffe d'ajoncs, je sentis que j'enfonçais. J'étais, en effet, sur une des sources redoutables. Au bord de cette fontaine, qui ne mesurait pas plus de un mètre trente centimètres de diamètre, était le fidèle chien du jeune homme. L'animal avait la tête à moitié dans la vase; le poids seul de son corps resté sur le terrain solide l'avait empêché de disparaître. Le collier avait été tenaillé par une main désespérée, il était arraché. J'attirai le cadavre de l'animal; la main de Georges n'avait point abandonné le collier,

L'animal était accroupi sur une masse blanche : c'était Louise inanimée...

et elle s'était raidie dans une dernière convulsion en serrant son chien, duquel il espérait le salut. Nous sortîmes du trou le malheureux enfant, arraché subitement à la vie par une mort affreuse.

Tel fut le dernier mot de ce drame.

Louise était revenue à elle, comme je vous l'ai dit. Quelle nuit la mère désespérée passa auprès de son enfant, en proie au plus terrible délire! Au bout de huit jours, notre fille fut enfin hors de danger. Elle savait la vérité! N'avait-elle pas assisté aux péripéties de ce drame terrible! Seconde par seconde, elle avait suivi l'agonie de son fiancé.

Un mois après ce lugubre événement, voici ce qu'elle nous a raconté :

Arrivés au marais proprement dit, Georges la pria de se tenir aux abords, pendant qu'il irait faire une excursion du côté des mares que bordaient des roseaux. Il marchait à petits pas, riant lui-même de ses méprises, alors qu'il enfonçait quand il croyait avoir pied. Elle lui disait de revenir, sinon qu'elle allait le rejoindre. Il marchait toujours, et elle, sans trop savoir comment, s'était mise en route dans sa direction. Un canard se lève : Georges fait feu et le tue. A ce moment-là, elle n'était qu'à une vingtaine de pas de lui. Le froid était intense, et elle ne pouvait plus tenir son fusil, dont le canon glacé lui engourdissait les doigts. Georges la conjura de rebrousser chemin; mais lui, après avoir ramassé son canard, poursuivit sa route dans la direction des mares. Incapable d'avancer, Louise songea à rétrograder. Tout à coup, un cri aigu se fit entendre : et, se retournant, elle vit son Georges qui s'abîmait dans une fondrière! Elle le vit lâcher son fusil et s'accrocher instinctivement à son chien.

L'animal aboya pour demander du secours, mais peu à peu la victime, tout en cherchant à saisir les herbes avec l'autre main, disparut.

Elle voulut courir vers lui, mais lui criait en désespéré : « N'approchez pas ! »

Autant que le lui permit son engourdissement, elle marcha vers le lieu du sinistre, buttant de ci de là. Elle ne voyait plus que la tête.

Enfin, Georges poussa un cri déchirant :

— Ma Louise !

Ce fut tout ! elle ne vit plus que la main qui tenait le cou du chien.

Elle tomba sans connaissance sur une touffe de joncs. Quelques minutes après, il lui sembla entendre les aboiements du chien ; mais le froid terrible et la neige l'eurent bientôt plongée dans l'état d'anéantissement dans lequel nous la trouvâmes !

Voilà, dans ses moindres détails, ce drame affreux qui a fait de ma chère Louise une fleur fanée qui, j'en ai bien peur, ne revivra jamais sa belle vie d'autrefois.

En prononçant ces dernières paroles, le père désolé versa d'abondantes larmes.

— Vous comprenez, ajouta-t il, l'impression qu'elle a ressentie en voyant la neige. Depuis un an, rien n'a jamais pu la distraire, elle ne pense qu'à son Georges... elle en mourra.

Il n'y avait pas de consolations à apporter à une aussi légitime douleur ; les fagots de l'âtre étaient consumés. Je serrai la main au vieillard, et je montai à ma chambre. Quand je fus seul, je contemplai à travers la vitre la plaine blanche ; la neige continuait à tomber. Alors, moi qui, jusque-là, avais tant aimé ces blancheurs hivernales, je les trouvai lugubres. Ces beaux flocons, qui font les délices des enfants, me parurent bien tristes.

Cette poésie qui m'avait tant séduit jetait à mes oreilles des notes sévères. Je pensais à la terrible histoire qu'on venait de me raconter, je songeais aux déshérités, à ceux qui n'ont pas de bûche pour réchauffer le foyer !

Je fermai mes rideaux pour ne plus voir voltiger ces volées d'étoiles blanches.

Le lendemain, je crus avoir fait un mauvais rêve. Hélas! quand nous nous retrouvâmes réunis, et que je vis Louise aussi pâle que la neige, se soutenant à peine, je vis bien que les rêves ne tracent point de sillons aussi profonds!

L'ÉCHARPE DE M. LE MAIRE

Je me suis souvent demandé pourquoi les lièvres, les lapins, quelquefois les sangliers, mais enfin presque toujours les bêtes à poils, faisaient tous les frais des anecdotes cynégétiques.

Rarement les perdrix, les cailles, le faisan, sont en cause.

En un mot, le côté comique est toujours du côté du poil. Est-ce par un instinctif sentiment de déférence pour la plume, qui est d'un ordre plus élevé, puisqu'elle s'élève dans les airs?

Cela est, et suffit.

Je vais raconter cependant une historiette dont une perdrix est l'héroïne ou plutôt la victime et dans laquelle l'écharpe d'un maire joue le rôle capital.

Si l'histoire est un tantinet gauloise, le lecteur ne m'en voudra pas; la vérité n'est-elle pas sortie du puits sans péplum, et personne, que je sache, ne s'en plaint.

J'étais allé faire l'ouverture dans le département de la Somme, entre Péronne et Ham. En ce temps-là, ce pays donnait encore des ouvertures de trente et quarante perdreaux. On n'amodiait point les terres comme aujourd'hui. Quelques chasses bien gardées et peu de communes réservées.

Tous les chasseurs d'un même pays se connaissaient et chacun chassait sans jalouser son voisin.

Nous étions encore au temps de la chasse heureuse.

Les chasseurs n'étaient point exposés à rencontrer des gardes improvisés qui, tous les cinq cents mètres, sous le prétexte fallacieux de vous demander si vous avez un permis, sollicitent la pièce et vous rançonnent avec une âpreté germanique.

Où sont les plaisirs d'antan?

Donc, chaque année, à l'ouverture, je passais huit ou quinze jours en cet aimable pays, chassant depuis le matin jusqu'au soir.

Par une belle journée de septembre, nous étions en chasse, mes amis et moi. Il était vers onze heures du matin, la chaleur faisait tenir les perdreaux qui commençaient à se laisser culbuter un à un dans les couverts. Dispersés, ainsi qu'il arrive en chasse, je me trouvais seul dans un champ de betteraves lorsque, arrivant au bout du champ, un perdreau se lève. Je l'ajuste, il fléchit, puis va tomber sur un toit de remise située dans un enclos.

Il était tombé raide mort sur les tuiles rouges, et comme le toit n'était point fort en pente, il demeurait là, les ailes étendues sans vouloir descendre.

Ce clos, au fond duquel se trouvait la maison d'habitation, était entouré d'une haie vive.

Point de trouée, et pour y pénétrer il fallait faire le tour par la maison d'habitation ou me rendre coupable d'effraction. Il y avait plus, la pièce dans laquelle j'avais tué le perdreau était réservée, et j'en avais été prévenu. Mais l'entraînement et le gibier aidant, je n'y avais nullement songé. J'étais donc dans un fort mauvais cas. D'un autre côté, ma perdrix était là qui me tendait les ailes. Or, abandonner une pièce de gibier que l'on aperçoit gisante à quelques mètres de soi est au-dessus des forces d'un chasseur.

Que faire?

Je me rendis immédiatement compte de la situation : il me fallait perdre ma perdrix ou franchir la haie et m'exposer à des ennuis sans fin.

Oh! comme alors j'eusse préféré l'avoir manquée!

Mais elle était là me tentant. La passion du chasseur l'emporta sur la prudence.

Je regardai de tous côtés, personne! Alors, je me mis en devoir de trouer la haie; j'y parvins, non sans peine cependant, et au bout de quelques minutes, je me trouvai dans l'enclos! J'étais rapproché de mon perdreau, mais je ne le tenais point encore. Il fallait à présent le faire tomber du toit. J'avisai des rames à pois qui se trouvaient près de la remise, j'en pris une. Hélas! elle était trop courte et je râclai vainement les tuiles rouges.

Un chasseur avisé n'est pas souvent pris au dépourvu. Je trouvai dans mes poches de la ficelle et je me mis en devoir d'ajuster, bout à bout, deux gaules.

Mon opération était terminée, j'allais enfin avoir ma pièce de gibier...

Tout à coup une croisée de l'habitation s'ouvrit avec fracas.

— Hé! là-bas, qu'est-ce que vous faites?

Je me retournai, mon immense gaule à la main et j'aperçus, à la dite croisée un gros monsieur ventru, le cou et la figure entièrement couverts d'une épaisse couche de savon.

C'était le propriétaire de l'enclos, occupé, en ce moment, à faire sa barbe.

— Approchez! continua-t-il d'une voix furibonde; c'est ainsi que vous vous introduisez dans les propriétés encloses?

— Monsieur, lui répondis-je humblement, je venais vous demander la permission de ramasser un perdreau qui est venu tomber sur votre toit.

— Ah! vous avez une drôle de manière de demander la permission en escaladant une haie et en prenant mes gaules; allons, c'est assez causé, je vous dresse procès-verbal. Votre nom?

Il est de fait que j'étais superlativement hypocrite, en répondant que je venais demander une permission. Je cherchai à l'amadouer.

— Monsieur, je ne croyais pas...

Le vieux monsieur commençait à vociférer et en parlant il lançait la mousse de son savon comme des fusées.

Il avait ôté sa serviette et une écharpe tricolore s'étalait sur sa chemise.

— Je vous dresse procès-verbal, cria-t-il à tue-tête.

Voyant qu'il ne voulait point entendre raison, je levai ma gaule et je fis tomber mon perdreau que je remisai timidement dans mon carnier; puis, ayant repris mon fusil, je me dirigeai vers la maison.

L'homme à la figure savonnée parlementait toujours, sa savonnette à la main.

— Je vous dresse procès-verbal : votre nom?

Je me trouvais précisément en dessous de la fenêtre. Je commençais à m'impatienter, et du regard je cherchais à découvrir une porte ouverte pour sortir de la maison.

— Mais encore, qui êtes-vous, lui dis-je, pour verbaliser?

— Qui je suis! Je suis le maire!

— Permettez-moi de ne pas reconnaître le maire dans un homme qui a la figure toute couverte de savon ; on a vu tant de farceurs.

— Insolent! vous allez voir le maire.

A ce moment, la porte de la maison s'ouvrit et la femme de ce monsieur m'invita à entrer. Elle avait entendu le colloque. J'ôtai mon chapeau, m'excusant de mon mieux et basant mes excuses sur mon ignorance des terres de la localité.

L'épouse me parut moins féroce que son conjoint. Tout en parlant, je me dirigeais cependant vers la porte donnant sur la rue. Je tenais à fuir au plus vite ce terrain brûlant. On entendait à l'étage supérieur un vacarme qui ne dénotait rien de bon. M. le maire allait-il descendre? La dame ne paraissait pas vouloir me retenir. Je la saluai profondément, et traversant la cour d'entrée, je me trouvai dans la rue.

Ouf!

A ce moment, j'entendis un appel vigoureux. C'était l'homme à la figure savonnée apparaissant à une autre fenêtre.

— Ah! vous voulez voir le maire, s'écria-t-il, le voici! et je verbalise; votre nom?

J'avisai mon homme. Il avait la figure encore couverte de savon ; mais il avait ôté sa serviette et une écharpe tricolore s'étalait glorieusement sur sa chemise et son pantalon.

J'étais hors d'atteinte, je partis d'un grand éclat de rire.

— Polisson !

Ce mot intempestif fit revivre mes instincts de gamin, et, ma foi, je lui tournai brusquement le dos, ni plus ni moins qu'un polisson, en lui criant : Zut !

Et, au plus vite, je pris ma course à travers les rues du village pour gagner la campagne.

A quinze jours de là, je me trouvais à l'estaminet de la Grande-Pinte, où je faisais ma partie avec les amis chasseurs qui m'avaient invité. Je vis entrer un individu, lequel, au bout de quelques instants, je reconnus pour l'homme au savon et à l'écharpe.

Je me dissimulai de mon mieux, baissant la tête et paraissant très attentif à ma partie. Quant à lui, il s'était assis à une table voisine. La partie terminée, mes amis, ignorant l'aventure, me demandèrent à faire un quatrième au piquet dans une nouvelle partie dont M. le maire, car c'était bien lui, allait être mon partenaire.

Il n'y avait point à reculer, je fis le quatrième sans broncher.

Cependant, je m'aperçus que lui aussi semblait de temps à autre fixer sur moi un regard plus inquisiteur que je ne l'aurais désiré. Son regard pouvait se traduire par ceci : « Où diable ai-je vu cette figure-là ? » Il avait aussi vu autre chose.

Son regard devenait de plus en plus importun. Sans aucun doute, lui aussi m'avait reconnu.

Le jeu terminé, il m'interpella.

— Vous êtes chasseur ?

— Oui, monsieur.

— Vous venez souvent dans ce pays ?

— Tous les ans.

— Étiez-vous ici il y a quinze jours?

Ma réponse allait être décisive. Un de mes compagnons répondit :

— Je le crois bien, et il a même fait une jolie chasse aux perdreaux.

— Même dans mes betteraves, ajouta le gros individu.

— Vous êtes Monsieur le Maire ?

— Et vous, vous êtes mon homme !

Sur ce, il partit d'un franc éclat de rire. Il riait, il était désarmé.

— Écoutez, me dit-il, vous m'avez joué un tour pendable; et si je vous avais tenu ! Mais vous êtes l'ami de ces messieurs, cela suffit ; puis, la farce était bonne !

Et il raconta, sans en passer un mot, toute l'histoire ; lui se présentant à la fenêtre la figure ensavonnée et moi lui tournant finalement le dos. Pour conclure, il m'invita à aller le lendemain chasser sur ses terres réservées. Depuis lors, chaque fois que je vais au pays, je suis son hôte et je chasse chez lui.

Je pourrais faire tomber impunément une perdrix sur le toit de sa maison ; mais cela ne m'est plus arrivé.

LE LIÈVRE CACHETÉ

Au premier abord, ce titre peut paraître — et cela vraisemblablement — paradoxal.

Oyez, cependant, et suivez-moi dans mon récit.

Je n'ai point été témoin du fait, mais il m'a été raconté, certifié par le baron lui-même dont le nom en *ac* rime richement avec celui du légendaire de *crac*.

Je laisse la parole au héros de cette histoire cynégétique :

Nous chassions au basset, nous dit-il, sur les confins de la Normandie et de la Picardie.

Je vois encore d'ici se débattant un beau lièvre victime d'une aventure à nulle autre pareille.

A cette époque, la plupart des chasseurs chassaient encore avec le fusil à baguette. J'avais un de ces fusils calibre 20, qui portent si bien la charge et fournissent superbement un coup à longue portée, que j'ai répudié depuis pour un fusil moderne à cartouches toutes faites. Non que j'apprécie ces canons portatifs à cause de l'énorme charge de plomb que l'on met dans l'espoir de faire tomber deux ou trois perdrix d'un seul coup ; mais j'estime l'arme nouvelle, vu ses commodités et la rapidité de la charge en tout temps.

J'avais donc un fusil à piston.

J'insiste sur ce point, car l'aventure découle de ce fait.

Il faut vous dire tout d'abord que je suis d'une étourderie incomparable ; à tel point que j'étais parti de chez moi avec la poudre et le plomb nécessaires, mais que j'avais oublié le papier pour bourrer. Or, en ce temps-là, un journal quelconque n'était point si facile à trouver qu'aujourd'hui. A cinquante mètres du village, je tirai deux grives ; mais lorsque je me mis en devoir de recharger mon fusil, je fouillai vainement dans mes poches et dans mon carnier et je ne trouvai même pas l'ombre d'une feuille d'almanach.

J'avais bien mon portefeuille ; mais il ne contenait qu'une de ces grosses feuilles jaunâtres vulgairement appelées « peau d'âne », sur lesquelles on écrivait au crayon des notes que l'on pouvait effacer ensuite. Dans un coin, je trouvai bien une lettre, mais je ne m'en fusse pas dessaisi pour tous les lièvres que renfermait le bois.

Heureusement la lettre était protégée par une enveloppe qu'ornait encore un large cachet de cire rouge.

J'avais trouvé mes bourres.

Je déchirai très parcimonieusement cette enveloppe en deux parties égales et je bourrai vivement mon fusil, satisfait de cette maigre trouvaille.

De la sorte, je pouvais faire face aux événements.

Vers les dix heures, le brouillard épais du matin commença à tomber, dégouttant des branches avec une intensité telle, que la chasse devenait presque impossible. Les chiens tombaient continuellement en défaut ; à mesure qu'ils levaient lièvre ou lapin les gouttes d'eau rendaient la piste insaisissable.

Décidément, la pénurie de bourres ne devait point se faire sentir.

La matinée s'avançait, et mon estomac, lui aussi, manquait de bourres ! Invité à déjeûner chez le docteur du village, je cornai mes chiens afin de rabattre au plus vite vers la demeure hospitalière.

Trempés jusqu'aux os et un peu déconfits de ne pouvoir suivre une seule piste, les toutous revinrent tête basse et marchèrent sur mes talons. J'avais mis mon fusil sur mon épaule et je suivais la lisière du bois sans m'inquiéter d'eux.

Chemin faisant, j'entendis quelques coups de gueule.

Non accouplés, les chiens étaient rentrés au bois et s'étaient remis à chasser.

Je me trouvais à environ cinquante mètres en avant d'eux. Je me retournai du côté de la voix et je vis en face de moi, à quinze pas, dans une clairière, un beau lièvre qui faisait le chandelier.

L'ajuster et lâcher mon coup de fusil fut vite fait.

La fumée du coup de feu — j'avais le vent contre moi — m'empêcha d'apprécier le résultat de mon tir. Je ne pouvais cependant l'avoir manqué.

Ne le découvrant pas à terre, je jetai les yeux dans la direction qu'il avait dû prendre.

Quel ne fut pas alors mon étonnement de l'apercevoir la tête contre un hêtre et me présentant la partie charnue que l'on appelle sac à plomb!

Il faisait des mouvements si désordonnés, que je demeurais cloué sur place par la stupeur. Il paraissait blessé. Je me disposai à lui envoyer un second coup de fusil lorsque ses mouvements singuliers redoublèrent; il jetait les pattes de derrière en l'air comme s'il eût voulu exécuter ce tour d'agilité que les enfants appellent le poirier; en un mot, il ruait.

Jamais je n'avais vu cela.

Je m'approchai, et je le saisis par le train de derrière. J'eus quelques difficultés à le tirer, il se débattait en criant comme un beau diable. J'avais toutes les peines du monde à le maintenir : point de blessure apparente, pas une goutte de sang!

Enfin je lui donnai le coup du lapin et je pus l'examiner à mon aise.

Mon lièvre était cacheté!

Oui, cacheté! Ni plus ni moins qu'une bouteille de bourgogne.

Voici ce qui était arrivé :

Je l'avais, ainsi que je l'ai rapporté plus haut, tiré à quinze pas. Or, grâce encore à une étourderie, j'avais oublié de mettre du plomb

Je l'aperçus la tête contre un hêtre.

dans mon fusil; sans cela je l'eusse broyé. Mais, ma bourre, la moitié d'enveloppe au cachet l'avait frappé au front. La cire, mise en fusion par l'inflammation de la poudre, s'était délayée, et l'avait aveuglé si bien qu'en se retournant il s'était heurté violemment contre le hêtre le plus voisin et y était demeuré collé!

Ainsi s'expliquaient les mouvements désordonnés que j'avais remarqués. La pauvre bête cherchait à se décacheter; la cire mêlée au poil s'était prise à l'écorce.

Voilà comme je pus offrir au docteur, qui m'attendait, un lièvre cacheté.

Ce que c'est que la destinée!

Si ce chasseur extraordinaire qui s'est trouvé le héros d'une aventure si mirifique eût eu un fusil Lefaucheux, le pauvre lièvre en question vivrait peut-être encore aujourd'hui!

UN COUP DE FUSIL

N'oubliez jamais, lorsque vous avez un fusil chargé dans les mains, que vous portez la foudre.

Si, sur le canon du fusil des jeunes chasseurs, on devrait graver ces mots : « Ne vous pressez pas », sur la poignée de l'arme on ferait bien d'écrire en caractères majuscules le mot *prudence !*

Jamais, au grand jamais, on ne répétera assez ce mot, et je ne parle pas seulement pour les jeunes chasseurs, je parle pour la généralité de ceux qui manient le fusil. Au cours de toutes mes chasses, je n'ai rencontré de véritablement prudents que les vieux praticiens, excellents tireurs, et, hélas ! ceux qui avaient été témoins d'un accident.

Pour croire au danger, faut-il avoir vu un ami tomber foudroyé en pleine chasse ? Faut-il, pour songer à prendre les plus vulgaires précautions, avoir blessé ou tué quelqu'un ?

Pas d'année ne se passe sans qu'on ait à enregistrer de nombreuses victimes. On est parti le matin, joyeux ; on était six, on revient cinq et l'on ramène un cadavre ! Le plus gai d'entre eux a été frappé au cœur d'un coup de fusil tiré par un ami ; un frère a tué son frère à dix pas en ajustant une caille : le soleil l'éblouissait et c'est après la fumée du coup qu'il a vu sa victime s'affaisser sanglante ! Des pères ont de la sorte tué leur fils ! Des gardes ont reçu des balles destinées aux sangliers. Dans le coin d'un bois, des jeunes gens devisaient d'avenir, un des deux a été frappé au milieu de ses rêves par un plomb égaré ! Puis ce sont les fusils qui éclatent, les

De l'autre côté de la montagne se trouvait une petite rivière et une prairie mouillante.

gâchettes limées qui font partir le coup au moment où l'on s'y attend le moins; ce sont les fossés que l'on franchit le fusil armé, et la détonation vous avertit, mais trop tard de votre imprudence : un camarade est tombé! Pour percer plus vite un hallier on saute à travers, l'arme prête à faire feu; une ronce s'est prise dans la sous-garde et l'on tombe soi-même frappé en pleine poitrine.

La chasse s'est bien passée, on devise joyeusement; les mères, les femmes, les sœurs attendent à la maison; vous êtes signalés, vos parlers bruyants ont été entendus, elles sont toutes sur le seuil et accourent regarder dans votre carnier si la chasse a été bonne. Vous prenez votre fusil pour mettre le chien au cran de repos. Hélas! le pouce sur le chien droit, et les yeux distraits par votre entourage, vous appuyez le doigt sur la détente gauche; votre arme était horizontale, une des vôtres s'affaisse sans proférer un cri : elle a été foudroyée!

Je ne parlerai point des imprudences à froid des jeunes chasseurs qui visent leur ami, leur frère ou leur père.

Chasseurs, mes confrères, ne riez donc plus des frayeurs de vos femmes, des embrassements humides de larmes de vos sœurs, et des terreurs de vos mères, lorsqu'elles vous voient prendre le fusil! elles ont raison, vous partez, la chanson aux lèvres; qui sait si quatre jours après on ne chantera point le *Dies iræ!* Ces bonnes petites femmes dont vous serrez la main, les reverrez-vous? Reverrez-vous votre tendre mère qui vous adresse ces mots : « Sois prudent! » Reverrez-vous cette sœur bien aimée qui vous souhaite bonne chance?

Prenez garde, le proverbe est vulgaire, mais il se réalise souvent : un malheur est vite arrivé! Soyez prudents! Vous n'en serez pas moins bons chasseurs.

Voici un lugubre épisode authentique :

La saison de la chasse s'avançait, on était en novembre. Dans un petit castel situé en Bretagne se trouvait réunie joyeuse compagnie! La seconde série des chasseurs invités était encore presque au complet. Il était si difficile, une fois entré en cette hospitalière demeure d'en sortir; la contrée était fort giboyeuse, les hôtes charmants, on s'y laissait aisément vivre! Souvent même un bon chasseur se trouvait hésitant entre l'appât d'une séduisante partie de chasse et le désir, bien pardonnable, n'est-ce pas, de demeurer en société d'aimables femmes dont la présence rendait le retour au logis si plein de charmes. Chaque année, on citait un Nemrod rustique adouci, poli et conquis par ce commerce de bonne compagnie.

Quelques-uns de ces Hercules avaient trouvé des Omphales; et l'un d'eux, fort habile à bouler un lièvre, en était arrivé, assure-t-on, à faire passablement de la tapisserie.

Point n'est donc besoin d'insister davantage. La maison avait tant d'attractions qu'on y eût volontiers établi sa tente pour une année entière.

Il y a une fin pour tout, surtout pour les bonnes choses.

Le froid, cette année-là, avait commencé plus tôt que de coutume. Les collines et la lande se trouvaient un peu dégarnies de gibier. On avait tant guerroyé! Cependant, le domaine était si parfaitement situé, si bien entouré, que le chasseur, quand même, eût trouvé à tirer jusqu'au dernier jour. Dans un bois proche du logis étaient les lapins, les palombes; dans les genêts, on rencontrait toujours quelques lièvres; enfin, à trois cents pas de l'autre côté de la montagne, se trouvaient une petite rivière et une prairie mouillante où plongeons, sarcelles, poules d'eau, bécassines, fournissaient un menu d'arrière-saison fort agréable.

Cette dernière chasse avait été réservée pour la fin, plusieurs avaient plié bagage et on devait la faire en petit comité. Quand nous disons en petit comité, nous voulons dire, qu'au lieu de quinze hôtes au logis on n'en comptait que cinq ou six.

Dans ce nombre était l'intrépide D... Il serait bien demeuré un jour de plus pour la chasse aux bécassines; mais on pensait communément au château qu'il resterait même si la chasse ne devait pas avoir lieu.

Blanche-Marie-Laurence de S..., avec ses dix-huit ans, ses yeux noirs et son teint de lys, aurait peut-être bien pu expliquer cette persistance de D...

Dans les dernières chasses au bois, le pauvre D..., si bon tireur, avait parfois étonné ses amis par une maladresse inaccoutumée. Une fois même, on l'avait surpris visant une bécasse sans que son fusil fût armé. Il était distrait, lui le bon chasseur.

Enfin, la chasse aux bécassines avait été résolue. Cette chasse devait être la dernière. La veille au soir, on causait autour de la grande cheminée, où un tronc de hêtre jetait ses belles flammes claires. On causait du départ et des bonnes journées envolées. Nous étions tous gais, mais notre gaieté était celle d'automne, une gaieté touchée de mélancolie. On se reverrait à Paris, ou dans les stations hivernales; toujours est-il qu'il fallait se séparer.

— Moi, dit l'aimable châtelaine, Mme de S..., je suis heureuse, et je remercie Dieu d'une chose : c'est que nous n'ayons eu à déplorer aucun accident ! Dois-je vous l'avouer? Les premiers jours de chasse, je ne vis point, et j'ai toujours une frayeur extrême d'en voir revenir un endommagé ou le bras cassé. Peu à peu, je m'aguerris et j'y pense moins, toutefois, à chaque nouvelle ouverture je redeviens conscrit.

Pour cette fois encore, je rends grâces à Dieu de tout mon cœur.

— Madame, répondit un vieux routier, pourquoi avez-vous parlé ainsi ce soir, ne chassons-nous pas demain? Il y a un proverbe qui dit : il ne faut point vendre la peau de l'ours avant de l'avoir tué !

— Ce bon X... a toujours des idées noires, objecta M. de S...

Cependant, cette réflexion, jetée comme en passant par un individu désireux de jongler avec des mots, affecta la maîtresse de maison.

— Si cependant!... reprit-elle.

Blanche-Marie-Laurence, sa fille, regarda tout particulièrement D..,

Celui-ci s'approcha et lui dit:

— Saint-Hubert nous protégera ; n'allons-nous pas assombrir nos dernières belles heures parce qu'il a plu à notre très respectable, mais souvent très morose confrère, d'agiter sa marotte? Ici, nous sommes tous gens de haute prudence et nous ne demandons qu'à vivre!

— Quelle idée ai-je eue ce soir? Je voudrais que la journée de demain fût passée! ajouta la châtelaine.

On se remit à causer jusqu'au coucher. Le lendemain, dès la première heure, les chasseurs étaient debout. Au moment de partir, Mme de S... entra. Elle était assez pâle, et paraissait très préoccupée.

— Tenez-vous beaucoup à chasser? demanda-t-elle.

Comme personne ne répondait.

Son mari intervint :

— Et pourquoi point, ma chère amie? Ces messieurs sont déjà au port d'armes. Est-ce la folle sortie de ce cher X... qui t'assombrit? Les meilleurs viveurs lancent parfois des réflexions qu'ils regardent comme philosophiques!

Et il embrassa sa femme au front.

— Enfant! ajouta-t-il.

On descendit au chenil pour prendre les chiens. Mme de S... accompagnait les chasseurs, son regard semblait les compter.

Enfin, on allait franchir la grille, quand apparut, encapuchonnée à la hâte dans une pelisse, Blanche-Marie... Qu'elle était aimable ainsi !

Une boucle de ses beaux cheveux noirs, encore humide de la moiteur du sommeil, ombrait sa joue, et, fouettée par le vent frais, se déroulait sur la mante.

Mettre en joue, faire feu, fut l'affaire d'une seconde.

Ses grands yeux, luxueusement frangés, souriaient comme un jour de printemps.

Les chasseurs s'arrêtèrent pour la saluer, l'un d'entr'eux pour la contempler. Elle s'appuyait sur le bras de sa mère:

— Çà, dit-elle d'un ton mutin, ne nous abandonnez pas trop longtemps.

— Non, ma petite reine, répondit son père, tu le veux, ta volonté est un ordre !

— Par où reviendrez-vous ?

— Le long de la rive, affirma encore son père, et à onze heures nous serons ici.

— J'irai peut-être au-devant de vous.

Les chasseurs partirent. Les deux femmes les regardaient s'éloigner.

Ils avaient descendu la colline; arrivé en bas, D... se retourna, un petit voile blanc s'agitait en signe de revoir.

La chasse fut bonne, le gibier avait donné. On allait rentrer, joyeux, quand, au détour de la montagne qui formait comme une falaise, à vingt pas d'un bouquet de saules, D... fit lever deux bécassines. Il était seul en ce moment. Mettre en joue, faire feu, ne fut que l'affaire d'une seconde. Un oiseau tomba, la détonation avait empêché le chasseur d'entendre un léger cri, il courut ramasser son gibier, mais un gémissement derrière les saules le fit tressaillir.

Le fusil à la main, il s'élance, saute un fossé et trouve une jeune fille à terre.

C'était Blanche-Marie-Laurence... venue à leur rencontre et que les plombs avaient atteinte sous le bras.

Elle leva vers lui ses beaux yeux et dit :

— Ma pauvre mère avait raison !

Puis, elle s'évanouit.

D... la prit dans ses bras, appelant au secours. Le père arriva le premier, ils transportèrent la chère enfant au château. Heureusement, la blessure n'était pas grave. En voyant sa fille inanimée, Mme de S... faillit devenir folle.

Lorsque Blanche ouvrit les yeux, D... avait disparu.

On se mit à sa recherche, on le trouva sur la montagne. Après avoir aidé à transporter celle qu'il aimait, il avait jeté son fusil dans la rivière, et il était sur l'extrême bord de la falaise pour se précipiter lorsqu'on l'arrêta.

Maintenu à grand'peine par ses amis, il fut ramené au château, mais il ne voulut pas y entrer. On le transporta chez des paysans. Là, atteint d'une fièvre typhoïde, il lutta entre la vie et la mort pendant quarante jours. Enfin, le délire cessa, et le médecin le déclara hors de danger.

Un soir, il sentit une petite main qui serrait la sienne. C'était Blanche-Marie; elle était assise à son chevet, guérie depuis longtemps d'une blessure légère. Sa mère était à ses côtés.

D... se leva sur son séant, et voulut fuir.

— C'est Blanche, dit au malade Mme de S...

Celui-ci regarda vaguement sa fiancée.

— Blanche! balbutia-t-il, celle que...

Il n'acheva pas et se cacha la tête sous les draps. La rechute fut terrible! Enfin, deux mois plus tard, par une froide nuit d'hiver, les chiens de garde du castel remplirent l'air de hurlements : le gardien se leva et vit sur la terrasse comme un fantôme qui passait et repassait devant la façade du château; le fantôme s'approchait toujours appelant à voix basse : Blanche! Aucune fenêtre ne s'ouvrit, il n'y avait plus personne. Le garde reconnut D... Il était fou!

Blanche-Marie ne va plus dans le monde. Jamais elle ne se mariera; accompagnée de sa mère, elle se rend quelquefois à Redon pour voir le pauvre infortuné qui s'entretient avec elle-même de Blanche-Marie...

— Je vous aime bien, lui dit-il quelquefois, car vous ressemblez tant à ma Blanche...

La jeune fille espère toujours que la raison lui reviendra !

Je n'ai pas besoin d'ajouter que l'on ne chasse plus au castel de X...

Ne riez jamais quand vos mères, vos femmes et vos sœurs éprouvent un frisson d'angoisse lorsqu'elles vous voient partir en chasse...

Que de drames au moins aussi navrants je pourrais raconter !

Sous la forme brutale de faits divers, en dix lignes, les journaux enregistrent tous les ans des centaines d'épisodes de ce genre. Combien d'autres, oubliés ou passés sous silence, qui ont laissé la maison solitaire, et plongée dans le deuil !

Le jour de l'ouverture, le plus beau jour pour un chasseur, revient chaque année avec son cortège de joies et de douleurs. Que de chagrins cuisants il rappelle ! Que de plaies toujours palpitantes il rouvre !

Aux oreilles de combien de mères, d'épouses, de sœurs et de fiancées les premiers coups de fusils entendus dès l'aube ne résonnent-ils pas comme un glas funèbre ! Le coup de fusil qui fait votre joie remémore à beaucoup qu'il y a au cimetière une croix indiquant qu'un être aimé repose là.

Je suis lugubre, je vous l'accorde, je fais l'effet de celui qui parlerait de mort le jour du mariage ; mais, que voulez-vous, chers lecteurs, sous la fleur est le serpent ; et je ne sais pas de moyens plus efficaces pour rappeler à la prudence que de vous encourager à songer aux malheureuses victimes, les unes de leur imprudence, les autres de celle d'autrui.

Avec les fusils à bascule, on eut pu penser que les accidents seraient beaucoup moins fréquents.

Si les accidents que nous appellerons involontaires, parce qu'ils se produisent quelquefois, même en observant les lois de la prudence, ont un peu diminué, les accidents dus au manque de prudence et inhérents à l'arme à feu en elle-même ont augmenté. Avec les fusils à piston, on avait à redouter les moments de chargement, les capsules oubliées, la chute du fusil sur les chiens alors même que les marteaux reposaient sur les capsules, les erreurs de charge, qui pouvaient faire crever le canon. Les armes modernes, en supprimant ces dangers, ont conservé et conserveront toujours leur puissance redoutable.

BRACONNIER SANS LE VOULOIR

Un jeune chasseur de mes amis, très friand du coup de feu, et ne pouvant patienter jusqu'à l'ouverture, est venu, dans le courant de juillet, me demander de le mettre à même de brûler de la poudre.

Que faire lorsqu'on ne se trouve pas à pareille époque au bord de la mer ou que l'on n'a point à sa disposition un parc clos de murs dans lequel se trouve l'habitation?

La chasse est fermée, il n'y a point à contourner la loi.

De plus, mon ami est de la vraie race des chasseurs et pas plus que moi il ne voudrait tirer une perdrix en temps prohibé.

J'étais assez embarrassé.

Moi-même je suis passionné pour la chasse, et à mesure qu'il parlait, le désir intime qui le dévorait s'emparait de moi.

Nos deux désirs combinés m'eurent vite fait trouver un joint.

— Pourquoi n'irions-nous pas tirer des brochets?

C'est une maigre pitance pour un chasseur; mais le proverbe est là : « Faute de grives on mange des merles », et les proverbes sont la sagesse des nations. Mon jeune ami accepta avec enthousiasme.

Je connais un vieux château à demi abandonné, campé au milieu d'un bel étang très poissonneux, dans lequel j'avais tué bon nombre de brochets et de tanches. A droite du château, un parc où les lièvres, qui ne sont presque jamais chassés, folâtrent sur les pelouses. En face de l'étang, un immense jardin entouré d'un côté par un large fossé, lequel va rejoindre la grande masse d'eau; à celle-ci, de ce côté, est adossée une prairie dans laquelle j'ai peloté plus d'un lièvre.

C'est dans cet étang couvert de nénuphars et dont les bords sont ombragés par des saules et des aunes, que je résolus de mener mon compagnon. Le propriétaire, un aimable vieillard, habitant la ville, m'avait donné tout droit dans le parc et ailleurs.

Il fut donc convenu que nous partirions le lendemain pour ce petit Eldorado, un véritable Eden pour un chasseur qui, des fenêtres du château, peut voir courir les lièvres même dans le jardin, et les poules d'eau s'ébattre sur l'étang.

Il serait superflu de dire que mon camarade fût exact. Il avait son fusil double et sa cartouchière pleine. Pour moi, je m'étais contenté de prendre une carabine Flaubert de 9 millimètres et une vingtaine de balles. On tire toujours le poisson de près et je trouve plus sportsman de le tirer ainsi. On le frappe où l'on veut et le coup est certain. De plus, s'il se trouve un peu enfoncé dans l'eau, la balle l'atteint plus sûrement sans déviation.

Nous traversâmes le parc, dans lequel cinq lièvres nous partirent sous les pieds, à petits pas, peu soucieux de ce que nous tenions en main.

— Ah! si nous pouvions! soupira mon ami.

— Est-ce que tu voudrais faire le braconnier?

— Oh! non, jamais!

Et il prononça ces mots, convaincu comme un homme qui dresserait la tête en entendant un mot malséant pour son honorabilité.

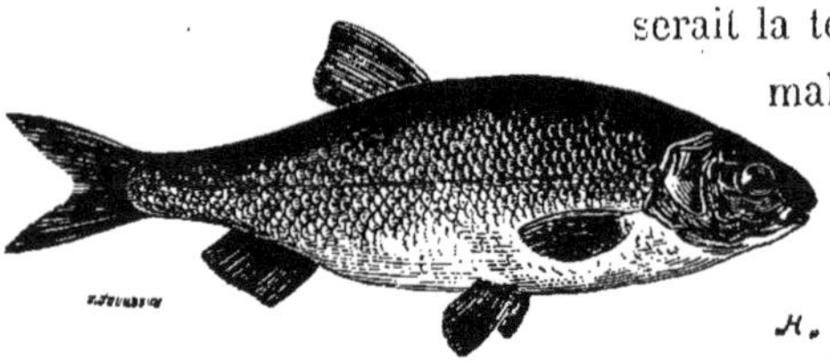

— C'est très bien, lui dis-je, j'aime à te voir ainsi. Un véritable chasseur est comme la femme de César : il ne doit point être soupçonné.

Nous entrâmes dans le jardin; le temps était radieux, des bandes de chevesnes se jouaient sur l'eau.

Il glissa deux cartouches dans son fusil et moi, une balle dans ma carabine et nous explorâmes l'étang. Il me fit remarquer un beau chevesne qui se chauffait au soleil ; je l'engageai à ne point tirer et à réserver sa poudre pour une meilleure occasion. J'avais en vue les brochets, qu'une détonation pouvait mettre en fuite : on reviendrait plus tard aux chevesnes. Bien m'en prit.

A quelques pas de là, entre deux feuilles de nénuphars, j'aperçus un brochet immobile. Mettre ma carabine à l'épaule et lui

envoyer une balle à deux pouces au-dessous de la tête fut l'affaire d'une seconde.

Notre brochet fit un bond, retomba dans l'eau et au bout de quelques secondes revint mort à la surface.

Mon jeune chasseur n'était qu'à moitié content ; il était sans doute aise de la pièce, mais il aurait bien voulu que cette pièce fût la sienne ; c'est-à-dire avoir tiré lui-même le brochet. Je comprenais fort bien ses regrets non formulés et je me promis de lui donner satisfaction au prochain poisson que j'apercevrais.

Cela ne tarda point.

Un brochet d'une taille respectable faisait la planche tout

près de la berge. Sans prononcer une parole, je le lui indiquai du doigt.

Mon ami ajusta, mais le bouillonnement que causa le coup de fusil, nous empêcha de rien voir. Nous attendîmes en vain, rien ne parut à la surface. Mon compagnon ne parlait point, et me regardait. Son regard semblait me demander comment il avait bien pu le manquer.

— Tu as peut-être visé trop en dessous, il était à fleur d'eau et tu aurais dû tirer comme à vue.

— Cependant, il était bien dans le coup.

— C'est encore possible, nous allons voir.

Dès que l'eau eut reconquis son calme, je regardai avec soin auprès de la berge et j'aperçus le poisson au fond. Avec un grand râteau je l'amenai à nous. Il avait en effet été frappé; mais, comme le coup avait été un peu dirigé en dessous, la vessie natatoire s'était trouvée crevée.

Qu'importait? le jeune homme était ravi, il avait son brochet, et un brochet énorme.

Nous continuâmes la chasse en tirant des chevesnes et passâmes ainsi une matinée charmante; il allait être midi, lorsque avant de nous en retourner, j'eus l'idée de remonter le long du fossé qui longeait le jardin.

Nous n'avions pas fait cent pas, que j'aperçus en face de nous, le long de la berge du pré, un brochet plus gros encore que celui qui avait été tué.

J'allais sans plus de façon, lui dépêcher une balle, lorsque mon jeune ami, qui avait vu mon mouvement, porta son fusil à l'épaule.

Le priver d'un si beau coup eut été cruel : Il est si agréable de faire plaisir!

— Tire, lui dis-je tout bas; mais pas en dessous, il est à fleur d'eau.

Ainsi que je l'ai dit plus haut, le poisson se trouvait à quarante centimètres de la berge opposée, sous l'ombre d'un aune dont les racines faisaient escalier pour descendre à l'eau.

Le coup partit!

Et... dans le bouillement de l'eau, je vis... un *lièvre* qui se débattait dans les convulsions de l'agonie! quant au poisson, point de trace.

Mon camarade était pâle et ne proférait aucune parole.

Au fond, il y avait de quoi!

Viser un brochet et tuer un lièvre! voilà une aventure qui n'est certes pas ordinaire.

Je partis d'un grand éclat de rire.

Quant à mon ami, il paraissait terrifié; il était comme un homme encore mal éveillé à la suite d'un long rêve.

Mon fou rire le rappela à la réalité.

— Mais qu'est-ce que cela veut dire?

— Parbleu, c'est bien simple! à deux pas du brochet se trouvait un lièvre au gîte dans les racines de l'aune; tu as tiré trop haut cette fois, et le compère capucin a payé pour le braconnier des eaux.

— C'est pourtant vrai, répondit-il, ah! elle est bien bonne.

— Pas si bonne que tu le prétends, répliquai-je en affectant un grand sang-froid: tu as fait acte de braconnage.

— Je vous jure que je ne l'avais point vu.

— A d'autres! mais puisque tu as tiré ce lièvre, il faut le prendre.

Je fis le tour par le jardin et j'amenai le pauvre hère lequel rendit le dernier soupir au moment où je l'attirais vers son gîte dont il avait été si brutalement dépossédé.

— Maintenant, que comptes-tu en faire? demandai-je à mon ami, tout penaud de l'événement.

— Puisqu'il est tué!

— Ce qui veut dire que tu désires l'emporter. Soit, le vin est tiré il faut le boire; mais je te croyais plus ferme dans tes principes: tu n'es plus à mes yeux qu'un braconnier.

— Pouvez-vous croire?

— Alors, tu es un maladroit!

— Je n'y comprends rien.

— Je ne sors point de là : ou tu avais aperçu le pauvre hère, et alors en le tuant, tu as forfait à l'honneur; ou tu ne l'avais pas vu, en ce cas, tirant sur un brochet et tuant un lièvre, tu as fait acte d'une incroyable maladresse.

Dans l'un et l'autre cas, tu es déshonoré :

Ou déshonoré comme chasseur?

Ou déshonoré comme tireur?

J'avais débité tout cela avec le plus grand sang-froid et mon ami baissait la tête.

Enfin il rompit le silence.

— Je préfère être déshonoré comme tireur! parce qu'on devient bon tireur et qu'on naît chasseur.

— Très bien! alors mets ton gibier dans le filet avec le poisson en apercevant son poil, on croira que tu as tué une loutre.

Cependant, mon infortuné camarade n'était pas trop rassuré; il craignait sérieusement d'être pris pour un braconnier, d'être appréhendé au corps; de plus, il avait la honte d'avoir tué un lièvre en tirant sur un brochet.

Dans le premier cas, il serait mis au ban parmi les honnêtes disciples de saint Hubert; dans le second, ce serait un stigmate ineffaçable pour tout le reste de sa vie.

Notre partie, commencée si gaiement, finissait mal.

En le voyant navré, je le rassurai et le forçai à rire de sa mésaventure.

Je lui ai même promis de ne raconter sa frasque à âme qui vive, et voilà que je l'écris tout au long.

Bast! personne ne saura le nom de ce chasseur devenu *braconnier sans le vouloir*.

PAUVRE COMMANDEUR !

Je pense que tout chasseur a son gibier de prédilection ; quand je dis *son* gibier, j'entends *ses* gibiers, car en raison de la quantité et de la variété des animaux forestiers, de la plaine et du domaine de l'air, notre passion se localise rarement sur un seul individu. Cela se voit cependant car j'ai connu un de nos vaillants confrères en saint Hubert qui sacrifiait tout à la bécasse. Mais cette sélection au profit d'une espèce unique n'est point commune.

Tous autant que nous sommes, nous avons bien deux et même trois gibiers, lesquels sont au-dessus de tous les autres, en un mot ce qu'on appelle en diplomatie *persona grata*.

En ce qui me regarde, mon éclectisme se concentre particulièrement sur trois représentants très distingués de la faune : la perdrix, le lièvre et le canard sauvage personnifiant dans leur trinité : la plaine, le bois et le marais. Le pourquoi de cette préférence serait difficile à définir. Est-ce parce que ce sont ces trois espèces qui m'ont fourni le plus de victimes ; est-ce parce que j'en ai spécialement étudié l'individualité et surpris les secrets de leur vie intime ; est-ce enfin une simple attraction pour la perdrix, la gloire de nos tirés Français, cet hôte précieux au vol rapide dont la poursuite offre tant d'attraits ; pour le lièvre séduisant en son vêtement blond dont le fauve tranche élégamment sur le blanc pur du poitrail et du ventre et dont l'œil, couleur de topaze brulée, est si doux dans sa mélancolie de Sylvain apeuré ; pour le roi des étangs et des rivières à la brillante livrée que l'on rencontre au milieu de décors inoubliables de givre, de neige et de frimas? Je ne sais. Toujours est-il que ces trois individualités ont pour moi une séduction qui ne s'est jamais démentie soit comme chasse, soit comme élevage. Parmi les nombreux lièvres que j'ai eus en ma possession à titre d'élèves, il en est un qui mérite, pour moi du moins, une mention spéciale.

Au mois d'avril, en compagnie de ma brave chienne Love, un pointer de premier ordre, laquelle comme moi mettait un acharnement extrême à user de familiarités avec ces pauvres sauvages, je traversais le parc très giboyeux d'un château situé dans le Hainault, en Belgique. Nous n'avions pas fait quarante pas sur une des pelouses que Love tombe en arrêt, l'œil flamboyant, la patte repliée et le fouet rigide. Je m'approche et je découvre dans une touffe d'herbes un petit levraut de deux semaines environ, dont les flancs battaient d'effroi. Comme je me penchais pour le regarder, ma chienne, plus rapide, l'empoigna et s'asseyant, ainsi qu'il convient à un chien bien élevé, me le présenta. Elle l'avait saisi si délicatement que les poils du petit innocent étaient à peine mouillés. Les pattes contractées, se faisant aussi petit que possible, le malheureux tremblait affreusement et certainement il croyait sa dernière heure arrivée.

L'action subite de ma chienne changea sa destinée. Je cherchai à lui persuader qu'il ne lui arriverait rien de fâcheux et, après l'avoir caressé, je le mis avec précaution dans la poche de mon veston dans le but de l'élever comme j'avais fait de tant d'autres.

Sans souci des autres lièvres peuplant le parc, durant le trajet jusqu'à la maison, l'œil fixé sur ma poche, le nez en l'air aspirant les émanations savoureuses qui s'en échappaient, réglant son pas sur le mien, Love me fit l'effet d'un garde du corps. C'est que pour elle, tout l'intérêt était là, dans ma poche et non ailleurs. Que se passait-il dans sa cervelle? D'ordinaire, quand, à la chasse, un lièvre était tué et qu'elle lui avait fait les honneurs de deux ou trois coups de langue, c'était fini; elle ne s'en inquiétait plus. Mais ce jour-là, ce fut une autre antienne. Qu'allait-il advenir de ce petit mécréant? De toute évidence les idées les plus diverses hantaient son cerveau pendant qu'elle trottait à mes côtés.

En arrivant au logis une cordiale réception accueillit l'innocent. Je l'eus à peine exhibé au grand jour que ce fut un concert de louanges, avec sa tête ronde, son nez encore aplati et les longs poils follets émaillant sa fourrure, il fut déclaré incomparable !

On en avait cependant bien vu de pareils à lui qu'on avait élevés avec une sollicitude maternelle jusqu'au jour où, jouissant d'une certaine liberté et soucieux d'en avoir une grande, ils s'étaient enfuis ni plus ni moins que des banquiers ou des caissiers infidèles. Mais celui-là ne ressemblait point aux autres et certainement il ne donnerait que joie et bonheur. D'ailleurs il avait une petite étoile blanche au front; c'était un prédestiné.

Ainsi qu'il convient, pour que l'harmonie règne entre tous les membres d'une même famille, je le présentai aux bêtes à quatre pattes de la maison : à une chienne courante, à un petit griffon écossais et au chat. Je flattais le levraut et je le leur faisais flairer. Le griffon était le plus ardent à lui rebrousser le poil avec son museau; mais ces caresses un peu vives cessèrent, et tous, très pénétrés des devoirs de l'hospitalité, l'accueillirent franchement. Il n'y eut guère que le chat, lequel me parut faire des réserves.

Mais, deux bons avertissements traduits par quelques coups de houssine, lorsque je vis son œil faire le méchant à l'approche du nouveau, le firent rentrer dans le rang. Il se tint dès lors pour suffisamment édifié. Quant à Love, elle comprit immédiatement que c'était un hôte de plus et comme il lui appartenait bien un peu elle le prit sous sa haute protection.

J'ai élevé bien des lièvres et j'ai consigné les plus intéressantes observations sur les qualités familières de cette espèce sauvage : toujours ils ont été pour moi l'objet de distractions charmantes.

Mon hôte ne fit pas grandes façons à s'accoutumer à son nouveau genre de vie. Le lait dans une écuelle ne tarda point à avoir toutes ses sympathies. Ce qu'il en consomma pendant les deux premiers mois fut certainement en quantité supérieure à ce que lui eût donné sa mère ! Après deux jours de son entrée en captivité, il n'était plus besoin de tremper le bout du doigt dans le liquide pour lui en frotter le museau et de lui baisser la tête dans la soucoupe consacrée.

Il flairait le lait et au besoin, ainsi qu'un poupard, il eut dégraffé sa nourrice ; et cela même après qu'on eût commencé le régime substantiel des carottes, du trèfle, en un mot la série des végétariens.

Il se familiarisa tellement avec les animaux de la maison qu'il buvait à l'écuelle en même temps que le chat et le petit griffon dont j'ai parlé. Rien n'était divertissant comme de contempler ces trois buveurs autour de l'assiette contenant le nectar ; derrière eux, Love attendait philosophiquement que ce menu peuple eût fini, pour nettoyer d'un seul coup de langue les bavures du blanc breuvage.

Et je vous assure qu'il n'en restait guère de quoi humecter convenablement la langue du grand toutou. Mais ma chienne était philosophe à la manière des êtres qui connaissent leur force, et elle ne s'impatientait point.

A trois mois, le nourrisson avait réalisé les espérances qu'on avait conçues de lui à première vue.

On eut dit que les fées bienfaisantes avaient présidé à sa naissance ; il faisait l'admiration de chacun. Enfin, il possédait tant de qualités aimables que la chancellerie féminine de la maison le promut d'emblée au grade de Commandeur en lui passant au tour du cou un ruban de soie moirée rouge.

A partir de ce moment, on ne l'appela plus que « le Commandeur », nom, du reste, auquel il ne tarda pas de répondre sans fausse modestie.

Où qu'il fût, à toute heure du jour, quand on l'appelait, Commandeur, les oreilles droites, arrivait, sachant bien du reste qu'on ne le dérangeait jamais pour rien.

C'était Commandeur par ci, Commandeur par là; et lui, alerte et gai, se prêtait de la meilleure grâce du monde à toutes nos fantaisies.

Ma villégiature en Belgique, son pays d'origine, était finie; je revins en France et, bien entendu, Commandeur fut du voyage. Du Hainaut il fut transporté tout d'une traite dans l'Eure, à Verneuil où, là, je pus mettre à sa disposition un enclos beaucoup plus vaste avec pelouse, arbustes feuillus, fougères et quelques plantes fourragères. Un peu dépaysé les premiers jours, il reprit vite ses habitudes de familiarité qui le rendaient si charmant.

Ce n'était point ce qu'on appelle un lièvre savant comme on en voit; c'était, ce qui vaut mieux, un animal domestiqué, dans la plus large acception du mot. Sans rien perdre de sa nature primesautière : brusqueries soudaines, il montrait parfois des mouvements de despotisme, puis des abandons confiants contrastant avec la timidité native des êtres de son espèce. Il se fut sans doute refusé à battre du tambour comme beaucoup d'autres et même à tourner la broche à laquelle rôtissait un de ses camarades, mais il valait mieux. Chaque jour, c'était un tour nouveau dû à la ruse et à la finesse naturelles et avec cela une belle humeur tout à fait réjouissante.

Grâce à ce commerce quotidien, j'ai pu constater que le lièvre possède un flair dont ne se doutent pas les chasseurs qui le chassent et le tuent à la bonne franquette, comme une simple unité dans le monde des gibiers.

On avait l'habitude de lui donner des feuilles de laitues et c'était pour lui un grand régal. Or, chaque fois qu'on apportait du jardin fruitier des plantes potagères de cette espèce, on voyait Commandeur rôdant autour de la cuisine, flairant de ci de là. Un jour, on le trouva sur la table en train d'entamer une salade dressée et prête à être portée dans la salle à manger. Et comme s'il eût eu conscience qu'il outrepassait ses droits, il s'enfuit dès qu'il se vit découvert, lui qui, d'ordinaire, ne se dérangeait point d'un pouce quand il grignottait une feuille donnée.

Il était donc doué de la faculté de réflexion et de comparaison. Commandeur sautait sur les genoux des personnes qu'il affectionnait; il se laissait lisser le poil par Love, mais il ne souffrait pas qu'on le lui rebroussât : alors il sautait à terre, faisait claquer ses oreilles et disparaissait.

Le petit griffon lui jouait si souvent ce mauvais tour, que

leurs rapports étaient parfois tendus, cela n'arriva jamais avec la chienne d'arrêt.

La réputation de Commandeur ne tarda pas à se répandre dans la ville et même aux environs. On demandait à le voir : c'était un nouveau Vert-Vert. Avec cela superbe, d'un pelage fauve lustré et bien en point, il faisait honneur à sa maison.

J'ai dit plus haut que les fées semblaient avoir présidé à sa naissance ; hélas! une seule s'était abstenue ; c'était celle qui eût dû les prémunir contre les dangers de la liberté illimitée.

Un matin, grand émoi ! On vint m'annoncer qu'on ne trouvait plus Commandeur. Tout le monde sur pied le cherchait vainement, depuis une heure, dans son enclos, dans le jardin et partout où la fantaisie le poussait d'habitude. Vainement le nom de Commandeur raisonnait dans les échos. Il n'était nulle part : il était parti et bien parti. C'étaient des désolations à n'en plus finir. Qu'allait-il lui arriver? Bien certainement lui, si confiant, si inexpérimenté, courait à une mort certaine.

Ainsi qu'un juge d'instruction, je cherchai à reconstituer la scène de l'évasion.

Le jardin assez vaste, puisqu'une petite rivière le traversait, laquelle l'isolait du potager, était planté de grands arbres : épiceas, arbres à feuilles persistantes, bosquets de lilas, etc. A l'aide de ma chienne, nous en fouillâmes les moindres recoins. Il ne pouvait avoir franchi la rivière, vu qu'un lièvre ne se met à l'eau que lorsqu'il est poursuivi. Les portes treillagées clôturant les deux petits ponts conduisant au potager étaient fermées. Il restait, comme on dit au théâtre, le côté cour : une porte bâtarde et une grand'porte donnant sur la rue, une rue assez large, mais la plupart du temps déserte, comme le sont les rues de province. Ces deux portes étaient bien closes, mais sur le côté, à l'affaissement du sol opéré par le passage des roues, dans l'ornière en un mot, un pavé s'était dérangé, si bien qu'en cet endroit, le vantail formait dôme et pouvait laisser passer un chat. D'ordinaire dans ses randonnées, le lièvre n'a point coutume de ramper ni de tenir bas la tête, à la manière des félins. Tout au contraire, il la dresse, saute plutôt qu'il ne marche. Cependant, cette ouverture improvisée laissait passer clair le jour blanc de la rue, qui tranchait avec la teinte sombre projetée en dedans par le plafond de la voûte et les murailles latérales.

Plus de doutes, Commandeur, flairant par cette baie le grand air de la liberté, avait pris la clé des champs. Quelques poils de l'échine étaient encore attachés au bois de la porte.

Que faire ?

La délibération ne fut pas longue, il fallait me mettre en campagne et retrouver le fugitif. C'était le vœu général ; mais comment? Aux grands maux les grands remèdes ! J'endossai mon costume de chasse, je pris mon fusil, Love et Ravaude : chien d'arrêt, chien courant.

Il ne me déplaisait point, au cas où je le retrouverais, ce qui, du reste, était fort problématique, de voir comment un lièvre élevé en captivité se comporterait en pleine campagne, une heure ou deux seulement après la prise de possession de sa liberté. Par le fait de son escapade, Commandeur s'était mis en dehors des lois de protection et il s'était de lui-même exposé aux hasards d'une chasse en règle. D'autre part, il n'était pas moins curieux de savoir si les chiens s'affirmeraient sur un animal privé, subitement transporté dans un lieu sauvage.

La vue du fusil les mit en gaîté ; il ne s'agissait plus pour eux de leur compagnon de jeux, mais bien de chasse effective : la passion reprenait ses droits. A peine eussé-je franchi la porte, que Ravaude retrouva la voie en tâtonnant à travers les pavés. Perpendiculairement à la rue pavée, à vingt-cinq pas sur la gauche, se trouvait la route sablée conduisant à la campagne. De chaque côté de cette voie s'échelonnaient environ une vingtaine de maisons.

Je n'avais pas fait dix pas que Ravaude annonça le rapproché par un coup de gorge timide. La chienne d'arrêt, comprenant de quoi il retournait et que pareille chose n'était point son affaire, se mit derrière moi. D'intermittents d'abord, les aboiements de ma petite courante s'accentuèrent rapidement. Elle empaumait la voie.

De fait, ce qui n'arrive jamais, j'attaquais en pleine ville ! Le cas était nouveau. L'hallali d'un cerf ou d'un sanglier a lieu quelquefois en plein village, quant au lancer dans l'enceinte des habitations, c'est chose si anormale, que peu de chasseurs ont assisté à pareil spectacle.

Au sortir de la ville, se trouvait un pont traversant un étang, puis à gauche, une autre route et à droite de belles promenades superbement plantées; c'est là qu'eut lieu le premier défaut. Ravaude s'engagea sur le pont, mais tout à coup elle devint hésitante et silencieuse.

Commandeur, en rusé compère, avait-il déjà fait un hourvari ? Elle rabattit ses voies ; prit la route de gauche pour la quitter à nouveau et suivre les promenades : balançant, tombant de nouveau en défaut.

Mais comme on l'a dit : le défaut n'est rien, le change est tout. Or, je n'avais pas cela à craindre.

Décidément, cette partie de chasse, commencée comme l'on sait, m'intéressait; je ne songeais plus guère à Commandeur, mais bien au lièvre, bête de meute.

Voilà que tout à coup la petite chienne, à une cinquantaine de mètres de moi, fouillant l'avenue, se récrie d'assurance, rapproche définitivement et part grand train. Elle me mène jusqu'à la route de l'Aigle qu'elle enfile sans hésitation pour brousser à travers champs. La chasse commence.

Mais l'aventure se complique : trois chiens courants en veine de flânerie, se trouvant à passer, dressent l'oreille à la musique de Ravaude, se rallient à elle, donnant de la voix à qui mieux mieux ténor, contralto, basse, modulent cette mélodie si troublante pour les chasseurs.

Je plains le pauvre fugitif car, certainement, il lui faudra en découdre.

Coupant au court, je traverse une luzerne suivi de Love, laquelle, à vingt pas de l'extrême bordure, tombe en arrêt.

Je m'approche, le fusil prêt, lorsque j'aperçois, foulé à mes pieds, Commandeur, avec son ruban rouge. Je l'interpelle amicalement, l'appelant par son nom, le conjurant au nom de l'affection qu'on lui porte, de ne pas pousser l'aventure plus loin et de réintégrer le domicile. Je me fais doux, persuasif, ou du moins, je le crois, et en même temps, je me baisse pour le saisir; mais, affolé sans doute par la voix des hurleurs qui rapprochent, il frappe du pied et détale prestement.

C'en est fait, il est lancé, et la meute improvisée va le mener tambour battant. Il pouvait être sauvé, il ne l'a pas voulu! Comme il ne connaît pas la campagne, il est certain qu'il sera vite forcé. Tant pis! La chasse marche; les quatre chiens arrivent à l'endroit où le malheureux s'est foulé, prennent la voie chaude et repartent de plus belle, musiquant à l'envi, chassant avec un ensemble parfait.

Le lièvre, sans s'amuser aux bagatelles, piqua droit devant lui vers un petit bois de dix hectares situé à deux kilomètres de là.

Ce dit bois était gardé et il ne m'était pas possible d'arriver avant les chiens pour les couper. Comme il n'y a point de délit d'attendre là où on a le droit de chasse qu'un gibier, levé sur ces mêmes terres, mais poursuivi par les chiens dans une propriété voisine, en sorte pour le tuer ou s'en emparer, je laissai les chiens fouler le bois attendant en retour le lièvre à sa sortie. Il me paraissait probable, qu'après s'être fait battre dans les ronciers, mon vagabond débûcherait par la lisière où il était entré. J'étais posté depuis quelques instants, écoutant les chiens, lorsque le garde débusqua d'un fourré et vint à moi, s'excusant, me dit-il, de me dresser procès-verbal pour fait de chasse sur le terrain d'autrui. Je tentai de lui expliquer de quoi il retournait; que l'animal avait été lancé sur un terrain où j'avais le droit de chasse, mais il ne voulut rien entendre. Son sourire d'homme à qui l'on n'en conte pas me disait assez qu'il ne tenait point à ce que je le prisse pour un imbécile.

Ce très malin garde — ils croient l'être tous — prenait des notes sur son calepin, lorsqu'un formidable coup de fusil retentit dans le bois, à peu de distance de nous. Mon homme me quitta sans seulement me dire au revoir et sauta dans les taillis.

Presqu'au même moment je vis arriver à la lisière, trébuchant, puis tomber dans le sentier, mon pauvre lièvre. Je me précipitai vers lui. Hélas, il était mort, sa commanderie au cou. Le garde, accompagné du braconnier, qui l'avait traîtreusement assassiné au passage dans une clairière, parut aussitôt.

— Hé bien! lui dis-je, en lui montrant l'animal cravaté de rouge, maintenez-vous toujours votre procès-verbal?

— C'est bien drôle! mais celui-ci, ajouta-t-il en indiquant le braconnier, je crois que le procès-verbal tient.

— Pour celui-là, je vous l'abandonne pieds et poings liés. Quant à *mon* lièvre, je l'emporte.

Et j'ensevelis Commandeur dans ma carnassière.

Les toutous, la langue pendante, m'entouraient, réclamant vainement la curée.

Ma rentrée au logis fut loin d'être triomphante. Je rapportais Commandeur, mais comment!

Après bien des récriminations, il eut cependant les honneurs de la broche; toutefois, on constata qu'il était moins glorieux en cet état que ne le sont d'ordinaire ses congénères. Affaire d'alimentation. C'était finir tristement sous le plomb d'un braconnier au cours d'une première promenade.

Pauvre Commandeur

HALLALI

La noble bête est sur ses fins! Le moment du triomphe pour les veneurs approche.

Après cinq heures de lutte, après avoir plusieurs fois donné le change, en se mêlant aux hardes de biches, franchissant les obstacles les plus élevés, revenant vingt fois sur ses pas, se couchant à plat ventre après avoir embrouillé ses voies, puis bondissant à nouveau, il a pris son parti et s'est forlongé. Mais la meute implacable a relevé tous les défauts et a vite empaumé la voie. Son ardeur s'est accrue à mesure que l'animal a senti la fatigue le gagner. Les chiens auxquels on l'a donné sont des anglo-normands, dont le fond et l'odorat ne se démentent jamais.

Le dix cors, qui a si souvent marché d'assurance dans la forêt, son domaine, se sent perdu.

Le son des trompes se mêlant aux notes sonores des chiens en délire, qui s'exaltent d'autant plus qu'ils approchent du but, lui arrive strident aux oreilles.

Le poil de la croupe, aux lamettes rouges, est devenu noirâtre et humide de sueur; son poitrail est souillé d'écume, sa langue pend, ses narines soufflent une écume sanguinolente et ses larges yeux, si fiers d'habitude, ont des regards désespérés et commencent à verser des larmes.

Ah! comme il est loin de son fort! Ces cinq heures de course éperdue ont brisé ses jarrets aux ressorts d'acier. Il débuche pour la dernière fois d'un bois qu'il a rencontré sur sa route et se précipite

L'eau le rafraîchira et cela lui donnera une nouvelle vigueur.....

dans un étang bordé de roseaux. Il n'en peut plus, mais l'eau le rafraîchira et lui donnera une nouvelle vigueur. Il y est entré jusqu'au poitrail ; à l'encontre de sa prévision, de son dernier espoir, l'eau glacée paralyse ses membres en sueur, et leur communique instantanément une rigidité contre laquelle il ne saurait réagir.

Il est aux abois !

De loin, les chasseurs qui l'ont aperçu sonnent la mort !

Le beau et triste spectacle à la fois !

Nous sommes à la fin du jour, l'air est calme et pur, le ciel bleu. Le soleil, déjà bas, illumine de clartés rouges l'horizon. Les molles senteurs de l'automne qui s'échappent des bois plus qu'à moitié dépouillés montent aux narines comme un relent de vin vieux. Les notes du chant de mort, répercutées par les échos, sonnent gaiement. Tout cela est grand et capiteux dans son ensemble !

Et, au milieu de cette fête des yeux, pour tous ceux qui sont là, lui, le héros, sue son agonie, et cette agonie cruelle, à laquelle dans quelques minutes « par ordre » on mettra fin, fait la joie de l'homme. S'il ne mourait point, la fête serait incomplète. Son sang doit jeter des roses rouges aux pieds des chasseresses venues pour le voir expirer !

La chasse arrive à fond de train, les cavaliers en grande tenue entourent l'étang, le valet de chiens fouaille les retardataires qui ne sont pas encore à l'eau.

La meute fait rage. Un chien saute au poitrail du cerf pour atteindre la jugulaire ; mais, dans un dernier effort, l'animal l'éventre. Les autres s'attaquent à la croupe. L'hôte des forêts se rend à merci ! Les trompes redoublent. Le piqueur, descendu de cheval, entre tout botté dans l'eau et va servir l'animal avec son couteau de chasse, mettant ainsi fin à son agonie.

Le roi des forêts, les yeux pleins de larmes, regarde une dernière fois le ciel et tombe !

C'est la victoire avec ses enivrements de sang et son magnifique décor.

On sonne la retraite; le bel animal est couché sur une voiture et porté devant le château. Le soir aura lieu la curée aux flambeaux.

Et, du haut de la terrasse, les jeunes femmes, frissonnantes sous les fraîcheurs des soirées septembrales, assisteront radieuses à ce dernier acte du drame.

A pareille heure, la harde de biches, serrant les rangs, attendra vainement le retour du maître.

La tête du dix-cors, pourvue d'yeux vitreux, mais sans rayons aura sa place d'honneur dans le hall.

L'OMBRE

J'étais allé en déplacement de chasse au château de L., à quelques lieues de Dol, en Ille-et-Vilaine. Je ne raconterai point par le menu les incidents cynégétiques de ces quelques jours passés au milieu des landes, des ajoncs, des bois et sur les plages de Cherrueix et du Vivier : les chasses quotidiennement variées; en un mot, la vie rustique que nous menions dans toute son ampleur, avec bon gîte, bonne table et compagnons à l'avenant.

Toute cette joie débordante de gais chasseurs sombra subitement en face de l'incident final que je vais rapporter.

Mon hôte avait, pour le service de ses chasses, deux gardes : l'un, enfant du pays, fils lui-même d'un garde mort en fonctions au château ; l'autre, qu'il n'employait que depuis huit mois, m'apprit-il, était tout simplement un braconnier pris en flagrant délit et élevé subitement à la dignité de protecteur du gibier.

Le chatelain ajouta :

« C'est un bon garde, peu causeur et qui, même à cause de cela, n'est pas des mieux vus dans le canton ; mais il n'a pas son pareil pour les rondes de nuit à toute heure, pour vous procurer le gibier que l'on désire, envoyer un coup de fusil à un chevreuil ou dépêcher une balle à un sanglier. Enfin ! Ne l'avez-vous pas écrit vous-même : un braconnier, qui ne braconne que parce qu'il a la passion du coup de fusil et la fringale du plein air, s'il a une nature honnête, fera un excellent garde-chasse. J'ai essayé et je m'en trouve bien.

« Voici, du reste, comment la chose s'est passée :

« En faisant une tournée au bois de la Roche en compagnie de mon garde, j'entendis un lapin crier. Presque au même instant j'aperçus un chien, tenant en gueule l'animal. J'envoyai un coup de fusil au chien que je tuai net. Subitement surgit de la brousse un braconnier, lequel se précipita sur moi en vociférant que, puisque j'avais tué son chien, il allait m'en faire autant.

« Ainsi que vous devez le penser, je me défendis comme un beau diable et je parvins, avec l'aide de mon garde Nédellec, à maîtriser l'agresseur qui ne cessait de jurer sur toutes les gammes qu'il vengerait sa pauvre Mirande ! — Mirande était le nom de sa chienne. — Nous conduisions le bandit à la gendarmerie lorsqu'il me passa une idée.

« Je lui demandai à brûle-pourpoint s'il voulait devenir mon garde.

« Il parut ne pas avoir bien compris et me regarda fixement. Je renouvelai ma question ce qui fit ouvrir de grands yeux à Nedellec. Le drôle hésita un instant à répondre, puis enfin, il dit : Ça va !

« L'homme était des environs de Fougères et passait sa vie à braconner, écumant les communes les unes après les autres. En le mettant à même de tirer, de temps en temps en toute sécurité, un coup de fusil et en lui donnant la surveillance d'une chasse, je le replaçais dans son élément passionnel et je m'en faisais un serviteur dévoué.

« Puis, il faut bien l'avouer, j'avais bien quelques remords de lui avoir tué son chien !

« Pour cette raison et pour les autres j'ai fait un garde du braconnier et je ne m'en repens pas, quoi qu'en dise Nédellec qui prétend que le sire a un mauvais regard ».

J'étais de l'avis du maître ; c'était un bon garde, je l'avais vu à l'œuvre, il connaissait le bois et la lande comme sa poche ; cependant, je partageais l'opinion de Nédellec : ce taciturne au regard oblique ne me disait rien de bon ; puis il y avait l'histoire du chien !

et dame tuer un chien, c'est chose grave. Chien de braconnier, chien de maître se valent; ce sont des compagnons d'espèce particulière à la vie desquels il est aussi odieux qu'imprudent d'attenter.

Notre dernière chasse fut très brillante et le soir au château, un repas de fête pour lequel avaient été lancées plusieurs invitations en dehors des chasseurs, couronnait nos exploits cynégétiques d'une dizaine de jours.

Nous étions une vingtaine à table, où les gais propos se croisaient sans interruption, animant cette vesprée d'adieux.

Vers les dix heures, au moment où allaient sauter les bouchons de champagne, notre hôte se leva, ouvrit la porte vitrée, séparant la salle à manger du vestibule, pris son béret accroché à une patère et descendit dans la cour. Celle-ci, dans laquelle s'élevaient en retour, à droite, les communs, était éclairée par la lune et par les lumières de la salle à manger, en sorte que l'ombre de quiconque passait se trouvait reflétée sur le mur faisant face au principal corps de logis.

Soudainement le bruit d'un coup de feu ébranla les vitres et un cri d'angoisse nous fit sursauter. Nous nous précipitâmes tous vers la porte d'entrée.

Notre hôte très ému, le visage exsangue, remontait les marches du perron. Il nous rassura d'un geste et nous indiqua le mur.

Le flot humain qui s'était porté à sa rencontre n'était pas encore complètement refoulé à l'intérieur que deux détonations presque successives retentirent à nouveau. Elles partaient de la chambre de laquelle avait été tiré le premier coup qui nous avaient terrifiés : celle de l'ex-braconnier.

J'eus instantanément comme une vision du drame. J'escaladai l'escalier, poussant la porte de la chambre, je trouvai le garde étendu sur le plancher, son fusil fumant entre les jambes, la mâchoire fracassée et une balle dans le cœur. Il était mort.

Au cri instinctif poussé par le maître, croyant son crime consommé, il s'était spontanément réfugié dans la mort. S'étant manqué du premier coup, il avait remis froidement une cartouche dans son arme pour s'achever.

Sur la table, en face du cadavre s'étalait ostensiblement une

feuille de papier sur laquelle étaient tracés au crayon ces mots : « Ma pauvre Mirande, je t'ai vengée! »

Notre hôte se plaça à l'endroit où il était quand éclata le premier coup de fusil. Sa silhouette se profila derechef sur le mur; toutes les *postes* dont nous relevâmes les traces trouaient le masque et le béret.

Le garde avait voulu tuer l'homme, il avait tiré sur l'ombre!

LES CINQ LIÈVRES

DU JOUR DE LA TOUSSAINT

Je ne suis pas superstitieux.

Et cependant!

Il y a de cela une douzaine d'années, je possédais entre Noyon et Saint-Quentin une chasse de bois et de plaine où je tuais, bon an mal an, environ quatre-vingts lièvres. Je ne parle pas des lapins fort abondants, du chevreuil qui, fourni par les chasses environnantes, s'y présentait en nombre respectable.

Presque quotidiennement je prenais mes chiens et, suivant ma fantaisie, chassant en *dilettante*, ainsi que j'ai toujours aimé à le faire, quand l'occasion s'en présente, je lançais un lièvre, que je tuais au débucher ou au retour, suivant mon caprice.

Je ne parle pas des jours où, pour un motif quelconque, je voulais faire brillante chasse.

C'était le 1er novembre, le jour de la fête de tous les Saints, je m'étais levé de bonne heure, d'abord pour aller à la messe — vu que je l'avais promis au brave curé de mon village — puis j'étais tourmenté du désir, bien facile à concevoir chez un chasseur, de tuer une couple de lièvres.

Il faisait ce que l'on appelle un vrai temps de Toussaint : un temps brumeux, gris, sans menace de pluie, si propice à la chasse de bois.

J'habitais la première maison du village; mon vieux garde, chez lequel était mon chenil, occupait une petite maisonnette à l'autre extrémité.

Donc, en sortant de la première messe, que mon bon curé avait avancée d'un quart d'heure au moins à mon intention, guêtré, équipé par avance, je rentrai prendre mon fusil et je passai chez le vieux père Marivel afin d'aller ensemble au bois.

Quel ne fut pas mon étonnement quand le vieux dur à cuire, lorsqu'il sut de quoi il retournait, me dit :

— Moi aller à la chasse le jour de la Toussaint! Jamais.

— Pourquoi pas? lui demandai-je.

— Parce que le jour de la Toussaint, quoi qu'il arrive, je ne prendrai plus un fusil!

— Mais enfin, pour quelle raison?

— Je vais vous le dire! Il y a de cela trois ans à pareil jour, la terre était couverte de neige, j'avais dressé une petite hutte près du bois de la Fontaine, à seule fin de détruire les corbeaux qui ravageaient un champ de colza. Vers les deux heures de relevée, je m'acheminai vers la cabane avec mon fusil.

La bande de corbeaux se lève à mon approche; mais je n'étais pas plutôt blotti depuis quelques minutes dans ma hutte que les maraudeurs s'abattaient dans le champ qui, de blanc qu'il était, en devint tout noir. M'est avis qu'il y en avait bien 200!

J'ajuste, je tire, la compagnie s'envole! Pas un n'était resté.

Au bout d'un quart d'heure, les brigands reviennent comme si de rien n'était.

Dans l'espace d'une heure, je tirai sept à huit coups de fusil à belle portée; et, vous me connaissez, je ne manque pas souvent un lièvre à quarante mètres! Eh bien, je n'ai pu tuer un seul corbeau à vingt-cinq pas.

Vous direz ce que vous voudrez, ma poudre et mon plomb étaient les mêmes que toujours, sûrement il y avait là comme du sortilège.

Depuis ce jour-là, je ne prendrais pas mon fusil pour aller à la chasse le 1er novembre. C'est comme je vous le dis, pour un boulet de canon, je ne voudrais pas recommencer.

J'ai été puni.

C'était le jour de la Toussaint, comme aujourd'hui.

J'aurais mieux fait d'aller prier pour les morts. Enfin, c'est fait! Mais plus jamais!

La résolution de mon vieux camarade était inébranlable; il n'y avait pas à insister.

J'emmenai mes deux chiens couplés et je partis, souriant un peu en moi-même de la pusillanimité de mon vieux garde.

— Marivel baisse! me dis-je.

A peine entré au bois, je découplai. Mes deux toutous, experts en la matière, ne tardèrent pas à lancer un lièvre. J'allai droit me poster au carrefour de la Cendrière, où j'en avais occis plus d'un. D'après les randonnées qu'il faisait, il devait passer là pour aller aux grands bois.

Je n'étais pas posté depuis deux minutes, que j'aperçus l'animal venant droit vers moi. Les chiens le menaient chaudement. Il passa comme une flèche à dix pas de moi. A vingt-cinq pas je lui envoie un coup de fusil qui le fait rouler sur le flanc. Il se relève, je le salue du second coup au moment où il rentrait au bois. Cette fois, c'était bien fini, car je l'avais vu faire le manchon. Les chiens arrivaient. Sans défaut, sans perdre un piquet, ils le suivirent jusqu'à l'endroit où il avait fait le crochet, et bientôt j'entendis ce cri plaintif et désespéré, que nous connaissons tous, indiquant la prise. Je fonçai le taillis là où j'avais entendu le cri suprême. En approchant, je surpris quelques grognements! Quand j'arrivai, je trouvai mon lièvre plus qu'aux trois quarts dévoré par mes chiens. Il en restait si peu que je ne pris même pas la peine de le ramasser. Je ralliai mes chiens qui, presque aussitôt, en lancèrent un deuxième.

Celui-ci prit immédiatement un parti et fila vers les bois voi-

Mes deux toutous ne tardèrent point à lancer un lièvre.

sins. Connaissant parfaitement le terrain, je ne doutais pas qu'il ne revînt bientôt après une ou plusieurs randonnées. En effet, après s'être fait battre carrément une demi-heure, il rabattit ses voies.

J'étais demeuré sous bois auprès d'un grand gaulis de quinze ans drûment planté. Dans ce gaulis, il n'y avait point de broussailles. Attentif, l'œil au guet, j'aperçus mon capucin arriver au galop de chasse. Il s'arrêtait pour écouter la musique, puis faisait quelques pas. Enfin, il s'arrêta à environ cinquante mètres, derrière une cépée de coudriers.

Le fusil à l'épaule, le doigt sur la détente, anxieux, j'attendais qu'il fît une dizaine de pas dans ma direction. Sans doute, il changea d'idée, car tout à coup il parut s'orienter vers une autre issue, préparant un de ces hourvaris qui, presque toujours, font la désolation de la meute du chasseur.

A tout hasard, ma foi, je le tirai. Au coup, il bondit d'un mètre et retomba sur place sans bouger, ni plus ni moins que s'il eût été en son gîte.

Je le voyais parfaitement et je le croyais déjà dans mon carnier. Après avoir rechargé tranquillement mon fusil, je me mis en devoir d'aller le chercher.

Le croirait-on ! Le traître était rasé et me regardait de ces grands yeux d'or que vous savez.

Je me baissai pour le prendre, je le touchai même de la main; mais, par un effort suprême, il me glissa entre les doigts, et, clopin-clopant, se mit à faire plusieurs fois le tour de la cépée. Ce manège à travers les branches ne manquait pas d'être fatigant pour un chasseur courbé en deux qui, à chaque instant, s'attend à saisir sa proie.

Tout à coup, il voulut prendre un parti. Je le suivais en ligne directe, mais chaque fois que je croyais le saisir, ma main donnait dans le vide. J'aurais certes bien pu le tirer à nouveau et le clouer sur place, mais je n'y songeai même pas, tant j'étais sûr de le prendre.

Puis, les chiens rapprochaient, repassant toutes les voies.

J'étais en vérité heureux de leur concours pour achever la besogne.

Ils le prirent donc! Fatalité! il m'arriva pour le deuxième, même aventure que pour le premier; ils le dévorèrent et, cette fois, il n'en resta rien!

L'histoire que m'avait contée le père Marivel me revint à l'esprit. Avait-il raison, et le jour de la Toussaint devait-il être fatal aux chasseurs?

Je ne trouvai rien de mieux, pour conjurer ma déveine, que d'entrer dans la baraque que j'avais fait installer au milieu de ma chasse, et de déjeuner.

Cependant, je ne pouvais m'empêcher de songer à ce que m'avait dit le vieux garde et aux péripéties de mes deux premiers lancers.

Entêté, les chasseurs le sont parfois, je voulus en avoir le cœur net. Le déjeûner fini, je découplai de nouveau.

Ici, je dois nécessairement ouvrir une parenthèse. Après avoir lu ce que je raconte et ce qui va suivre, le lecteur se demandera s'il n'y avait que du lièvre dans le bois où je chassais. Il s'y trouvait aussi beaucoup de lapins, mais j'ajouterai que sur les six chiens composant mon modeste chenil, les deux qui m'accompagnaient ce jour-là, quand ils étaient seuls, auraient passé sur le dos de quarante lapins sans donner un coup de gueule. Leur bête de prédilection était le lièvre.

Une fois découplés, ils en levèrent un troisième à cent mètres du grand chemin de la Ferrière.

Pris à vue, il n'eut pas le temps de prendre un grand parti et fut cloué dans le chemin à trente pas. Il n'était pas dévoré, celui-là, il avait deux ou trois plombs au cœur et une patte de devant cassée. Enfin! je le tenais.

Afin de ne point charger ma carnassière, je retournai à la cabane et je l'accrochai à un clou à l'intérieur de la hutte que je ne pris pas le soin de fermer.

J'avais donc conjuré la mauvaise chance ! Je levai un quatrième lièvre. Après une heure et demie de chasse et une belle promenade

à travers champs, je vis mon animal, dans le haut de la plaine, qui se disposait à rentrer sous bois par le grand chemin de Flavie. Je courus à la pointe du bois, m'apprêtant à le saluer à son arrivée, lorsque, à cent mètres environ, il fit un crochet obliquant à gauche. Il y avait dans le labour, à vingt mètres du chemin, deux vieux saules crevassés, presque des têtards. Le lièvre, mené grand train par les chiens, piqua droit jusqu'au bois, puis, faisant volte-face, il reprit la plaine et s'arrêta. Il paraissait las et les chiens allaient le ramener.

Lorsqu'il sentit que ceux-ci le gagnaient, il reprit sa course, fit un saut et je ne le vis plus. Les deux saules me l'avaient caché. Les chiens arrivaient au bois et ma bête avait disparu. Désorienté, je quittai ma place et je me mis à arpenter la plaine. Qu'était-il devenu? En passant auprès des têtards, je remarquai une énorme excavation, l'un d'eux était fendu comme avec une hache et sans doute le lièvre

avait sauté à travers ce trou pour dépister ses ennemis. C'était bien drôle. Le fusil en bandoulière, je m'approchai pour regarder dans le trou de ce bois pourri.

J'avais à peine eu le temps d'avancer la tête que je faillis tomber à la renverse de saisissement. Mon chapeau vola en arrière.

C'était mon lièvre qui, remisé dans la cavité de l'arbre, me déboulait en pleine figure et me décoiffait d'une façon aussi insolente.

Je vous laisse à penser si je fus ébahi, je ne songeai même pas à le tirer.

Décidément, le père Marivel avait raison!

Ma chasse était finie! sur quatre lièvres, en perdre trois de la façon que j'ai dite, c'était plus qu'il n'en fallait pour ne plus continuer. Dépité de mes mésaventures, je recouplai mes chiens pour aller chercher le seul lièvre pris et que j'avais, ainsi qu'il a été consigné, accroché à l'intérieur de ma cabane.

Au moins, je ne reviendrais pas bredouille ! Mes bassets couplés me suivaient. J'approchais de la susdite cabane, lorsque je les entendis grogner sourdement. Je n'y pris pas garde ; mais je compris tout quelques pas plus loin, en voyant détaler un grand chien vagabond qui emportait les restes de mon malheureux lièvre, dont il avait à son aise fait plus que la curée ordinaire !

La guigne me poursuivait !

Je regagnais le village l'oreille basse et songeant aux corbeaux du vieux garde, lorsque dans un labouré un cinquième lièvre se leva.

Celui-là je le tuai et je pus le mettre dans mon carnier. C'est égal, sur cinq lièvres, n'en rapporter qu'un seul, et cela dans les conditions que je viens de dire, il y à de quoi faire réfléchir.

Je racontai l'histoire à Marivel.

— Qu'est-ce que je vous avais dit ?

— J'en rapporte un.

— C'est vrai, mais je ne voudrais pas en manger pour un empire. Croyez-moi, ne prenez jamais votre fusil le jour de la Toussaint ; c'est le jour où l'on commence à prier pour les âmes !

Je ne suis pas superstitieux ! Cependant, je ne chasse plus le jour de la Toussaint, mais je me rattrape, autant que je le puis, le 3 novembre, qui est le jour de notre bon patron saint Hubert.

LE SAC A PLOMB

DU DOCTEUR MOSSLER

I

C'était avant la guerre: le comte X. avait choisi pour précepteur de ses enfants un professeur alsacien né aux environs de Saverne, brave homme, très fort en sciences et connu sous le nom de docteur Mossler.

Le comte X., passionné pour la chasse, habitait dans la Sarthe un beau château entouré d'un parc muraillé, où ses fils, les jours de congé et pendant les vacances, faisaient leurs premières armes comme chasseurs.

Il tenait à ce que ses enfants fussent avant tout des hommes instruits, aptes à être utiles à leur pays; mais, en même temps, il développait en eux le goût de son plaisir favori.

Chaque année, à l'époque des chasses, bon nombre d'invitations étaient lancées, et le château se trouvait rempli.

Quant au docteur Mossler, vivant avec les Grecs et les Romains, préparant, aux heures que lui laissaient ses élèves, un gigantesque travail sur la guerre du Péloponèse, il ne soupçonnait guère ce que c'était que la chasse.

II

Cependant à table, il entendait constamment parler vénerie; mais il pensait à son grand travail et ne se préoccupait nullement des défauts relevés dans le laisser-courre de la veille, et des coups de fusils plus ou moins habilement distribués dont on faisait le rapport.

Il mangeait bien, buvait sec, savourait le gibier savamment apprêté par le chef, et c'était tout.

En fait de chasse, il n'en appréciait réellement qu'un résultat : c'était le lièvre aux confitures tel qu'on le mange en Allemagne.

Sur ce sujet, il ne tarissait point.

En dehors de ses compilations historiques, telle était son unique passion.

Vainement ses élèves l'avaient-ils maintes fois prié de se joindre à eux dans leurs gaies parties, il s'était toujours récusé. Est-ce qu'il saurait jamais tenir un fusil? Est-ce qu'il saisirait le moment précis où il faudrait tirer?

D'ailleurs, sa guerre du Péloponèse le réclamait.

Un jour, cependant, sollicité par le comte, il consentit à l'accompagner à la chasse.

Ce jour-là fut comme le coup de foudre révélateur!

Le lendemain, à la première heure, il se rendit à la ville voisine et s'équipa en véritable fils de Nemrod. Quant à l'objet principal : le fusil, il refusa tous les systèmes à bascule qu'on lui présenta et s'en tint au fusil à piston.

Force lui fut donc de se munir d'une poudrière et d'un sac à plomb. Pour ces objets, il s'accommoda de deux sacs doubles en peau de blaireau, tels qu'on les faisait il y a vingt ans et qu'on portait en sautoir.

Il y avait chasse deux jours après.

Quel ne fut pas l'étonnement du comte, au moment de partir, lorsqu'il reconnut au nombre des chasseurs le grave docteur Mossler! — Bravo, lui dit-il, en lui serrant la main; et maintenant, il appartient à mes fils de contribuer à votre instruction. Ils vous doivent bien cela, mon bon Mossler; c'est un prêté rendu! Mais diable! pourquoi avez vous pris un fusil à baguette? Non seulement ce n'est plus de mode, mais encore c'est incommode, surtout pour vous qui avez plus l'habitude de lire les manuscrits que celle de mesurer la poudre.

Je vais vous faire donner une autre arme.

— Vous me contraririez beaucoup, monsieur le comte, répondit le docteur; je préférerais ne pas chasser que de me servir d'un fusil autre que celui-ci, car je l'aime déjà beaucoup! J'y suis fait! Depuis deux jours, en mon particulier, je ne fais que m'exercer à le porter à l'épaule.

— Faites comme vous l'entendrez. Liberté pour tous; mais vous ne refuserez pas que mes fils soient à vos côtés, comme les aides de camp d'un général?

— Pour cela j'en serai ravi, bien que je ne sois même pas le *gaboral!*

— Messieurs, en route.

On chassa une partie de la journée; et bien que lièvres et perdrix tombassent de tous côtés sous le plomb des chasseurs, le pauvre docteur ne parvint point à mettre à mal un moineau.

Il tira cependant, et ferme, je vous en réponds; il s'anima et bien des fois il envoya un coup de fusil dans des buissons sans autre motif que celui d'un bruit qu'il croyait insolite.

Rarement jeune chasseur avait montré plus d'ardeur.

Quant à lui, il était gai et nullement désolé de son insuccès.

On venait de traverser un petit bois, et l'heure de rentrer au château allait sonner, lorsque, d'un consentement tacite, les deux élèves de Mossler pensèrent à lui faire tirer en même temps qu'eux la première pièce qu'ils rencontreraient afin de la mettre à son actif. Il ne se douterait certainement pas du stratagème et serait content.

Tout à coup, Mossler pousse un cri.

Il est consterné! qu'y a-t-il? On s'informe. Las! il a perdu en parcourant le bois son sac à plomb en peau de blaireau.

Il était vraiment affligé et faisait peine à voir.

On eût pu croire qu'il avait perdu le manuscrit de la guerre du Péloponèse!

Sa douleur n'était point feinte: sans cela, on eût ri de l'aventure.

Accompagné de ses élèves, il s'enfonça sous bois pour retrouver le fameux sac, lequel avait sans doute glissé de son épaule. Hélas! toutes les recherches furent vaines et il revint au château sans son fameux sac à plomb, la mine triste, l'œil morne comme un renard privé de sa queue.

Le comte, informé du fait et prenant en pitié la désolation du savant, envoya deux gardes à la recherche de l'objet perdu, avec ordre, s'ils le trouvaient, de ne le remettre qu'à lui seul.

On fouilla le bois en tout sens et on trouva le fameux sac à plomb dans un endroit où le docteur avait été contraint de s'arrêter!

Il fut remis clandestinement au maître de la maison ainsi qu'il l'avait demandé. Celui-ci possédait dans son cabinet, au milieu des trophées de chasse de toute sorte, un renard cloué au mur par une patte, les autres pendantes dans l'attitude d'un animal qu'on vient de tuer.

Avec son couteau de chasse, le comte fendit la gueule à demi ouverte du plus madré des braconniers et lui introduisit dans la gorge la moitié du sac de plomb, laissant pendre l'autre moitié. L'opération terminée, il ordonna au garde d'aller mettre la bête ainsi parée, en belle place au bois, dans une clairière, en vue, à vingt pas d'un bouquet d'arbres et d'une haie.

Puis il donna d'autres instructions.

III

Vers la fin du dîner de chasse, le valet de chiens entra, s'approcha du maître et lui dit quelques mots à l'oreille. Congédié d'un signe il se retira.

— Messieurs, on m'informe qu'un renard, vainement traqué

depuis longtemps, est en ce moment à l'affût auprès d'un grand terrier à lapins dans le bois des aunes. La lune est dans son plein, et ma foi le coup est aisé et la prise sera bonne !

A ces paroles, les jeunes chasseurs se levèrent. C'était à qui irait bouler l'animal destructeur.

— Patience, ajouta le maître, j'ai pensé que cette aubaine imprévue revenait de droit à notre savant Mossler, que le guignon a poursuivi toute la journée ; et je crois que pas un d'entre nous ne voudra lui enlever le plaisir de bien finir la journée. Né chasseur d'hier, il convient que nous lui disions ce soir : *Dignus es intrare in nostro corpore !*

N'est-ce pas, docteur?

Le père Mossler, dont les yeux brillaient de désir, brûlé décidément du feu sacré, remercia le comte avec effusion.

— Cette expédition, continua gravement l'amphytrion, exige des précautions infinies, et doit s'effectuer dans le plus grand calme. Notre cher professeur partira seul avec le garde qui sait où est la bête.

Le timbre retentit, et le garde parut.

— Accompagnez le docteur et faites-lui voir le renard.

Donc, le bon Mossler partit seul pendant que quelques très jeunes convives enviaient le bonheur du savant auquel était réservé un pareil coup de fusil, pour terminer la soirée.

Mais, le maître avait parlé.

Après avoir visité les amorces de son fusil, Mossler se mit en route avec le garde, lequel, chemin faisant, lui fit les recommandations les plus précises.

A quelques pas de l'un des arbres, ils s'arrêtèrent.

D'un geste, le garde indiqua la clairière et le terrier à lapins. Le silence était absolu et la lune éclairait très nettement les herbes.

Le docteur regarda attentivement et vit comme une forme de bête à vingt pas de lui. C'était bien le renard. Un rayon de lune

Ne vous pressez point, murmura son guide.. ..

éclairait son pelage fauve. Le cœur du vieux savant battait violemment.

Il abaissa avec précaution son fusil afin d'ajuster.

— Ne vous pressez point, murmura son guide.

L'œil sur le guidon, le doigt sur la détente, le docteur Mossler fixait le point qu'on lui désignait. A force de regarder ce même point, il s'imagina bientôt que la bête remuait. — Ce phénomène d'optique est fréquent chez les braconniers.

Alors, il pressa la détente.

Deux coups de feu presque simultanés firent résonner la vallée !

Dans son appréhension de manquer un si beau coup, notre héros avait appuyé sur les deux détentes à la fois.

— Il est mort, s'écria le garde, il n'a pas bougé.

Le bon Mossler, ravi, eut bien voulu relever lui-même son butin ; mais il fallait franchir une haie, et il n'était point habitué à faire des sauts de ce genre.

— Courez retrouver vos amis, monsieur le docteur ; annoncez-leur la victoire, je vous rejoins avec votre capture !

D'un bond, l'homme fut de l'autre côté de la haie et courut à la clairière.

— Je le tiens, s'écria-t-il.

Le docteur Mossler, tout glorieux de son exploit, avait déjà pris la route du logis. Le fusil en bandoulière, et se frottant les mains, ainsi qu'un homme glorieux de sa journée, il se débita le monologue suivant :

« Je crois qu'il n'a point fait ouf ! J'ai lâché mes deux coups à la fois ! Dame, ma réputation en dépendait ; il ne fallait pas revenir bredouille encore une fois. Mon vieux Mossler, je suis satisfait de toi. M. le comte va être content. Un feu nouveau me dévore. C'est quelque chose de passionnant que la chasse. Il y a quelques jours, je ne me doutais pas de cela. Et pourtant, un certain Zethus, de Thèbes, passait sa vie à traquer les fauves sur les flancs sauvages du mont

Cithéron, et cela au lieu de s'occuper des affaires publiques. Une seule chose me contrarie dans mon triomphe, c'est la perte de mon sac à plomb ! »

Tout en se félicitant de la sorte et en déplorant la perte de son sac à plomb, il arriva au château.

Après avoir remis son fusil au domestique, il fit son entrée dans la salle à manger ! Il n'eut pas besoin d'annoncer sa victoire, son air triomphant en disait assez.

On le félicita chaudement et le comte, désirant porter un toast en son honneur, se leva.

IV

Parut alors, à la porte du fond, le garde.

— Monsieur le docteur Mossler a fait coup double, dit-il : en tuant le renard, il a recouvré son sac à plomb, que celui-ci était en train d'engloutir. Voici !

D'une main, il tenait le renard et de l'autre le sac en peau de blaireau.

L'apparition du sac à plomb fut comme la décharge d'une pile de Volta pour le docteur subitement devenu blême.

— Mon sac à plomb ! s'écria-t-il.

— Certainement, mon cher Mossler, affirma le comte ; et il le passa au savant complètement ahuri.

Celui-ci le retournait en tous sens et s'assurait que c'était bien le même. Il ne s'inquiétait point du renard ; il avait son fameux sac, aussi ne s'aperçut-il pas de la disparition du garde et de l'animal. Le comte porta le toast promis au vaillant et heureux Mossler, que chacun félicita. Le professeur répondit de son mieux à cette explosion de joie.

Pourtant une pensée l'agitait : ce n'était point d'avoir tué un renard ; mais qu'un renard eût eu l'idée de faire sa nourriture d'un sac à plomb !

Cet étonnement, au fond, était tout naturel!

Cependant, un des assistants ne fut pas ou ne parut pas être de cet avis.

— Il n'y a rien de surprenant à cela, déclara ce gai convive; votre sac, docteur, était en peau de blaireau; or, la peau de blaireau, quelque bien préparée qu'elle soit, conserve toujours son

fumet, et vous savez que le renard est un des animaux dont l'odorat est le plus développé.

Il a flairé l'enveloppe et, alléché par l'odeur, il a voulu en faire sa pâture! Heureusement, vous l'avez arrêté en flagrant délit! et rendu un fier service à la gent lapinière.

Vive le docteur Mossler!

Ainsi fut retrouvé le sac à plomb du savant.

Quant à lui, il fut désormais si absorbé par la passion de la chasse, qu'il oublia totalement son travail sur la guerre du Péloponèse. Il employa à courir les bois tous les moments dont il put disposer; et, chose triste à dire, il advint que les gardes trouvèrent dans les bois des bourres qui n'étaient autres que des lambeaux de feuillets de la *Guerre du Péloponèse!*

Trois jours plus tard, il tua un lapin; ce fut le coup de grâce pour les recherches historiques.

Comme les plus petites causes produisent les grands événements, nos descendants seront privés d'une histoire rectifiée de la lutte d'Athènes contre Sparte, par cela seulement que le docteur Mossler a tué un lapin!

O chasse, voilà bien de tes coups!

Le père Mossler n'éclaircira pas davantage le point, obscur pour lui, de son sac à plomb, qu'il n'a éclairci le point qui lui paraissait confus dans la fameuse lutte des Lacédémoniens et des Athéniens.

UN CHASSEUR BIEN MÉRITANT

La bécasse offre au chasseur une chasse charmante. L'oiseau est magnifique, la mise en scène a toute la poésie de l'automne et le coup de fusil est superbe. Cependant, ne tue point des bécasses qui veut! J'ai connu des chasseurs pour lesquels la chasse au lièvre n'avait point de secrets et qui enviaient le bonheur de tuer une bécasse. Aussi à peine est-on à la Saint-Denis où, suivant le proverbe, la bécasse est en tout pays, à peine les brouillards ont-ils rendu les perdrix plus farouches, que l'on songe à cet oiseau nomade.

La lune de la Toussaint est vulgairement appelée la lune des bécasses. C'est, en effet, à cette époque qu'on en rencontre le plus grand nombre dans nos bois de l'est, de l'ouest et du nord.

Chacun connaît, du moins pour l'avoir vu aux étalages, ce bel oiseau de passage aux formes magnifiques, à l'œil noir et large, à l'habit couleur feuille morte soutaché de noir.

Les bécasses affectionnent tout particulièrement les sentiers ombreux jonchés de feuilles. Elles recherchent aussi de préférence les clairières et les petits bois renfermant une mare ou que traversent des filets d'eau courante.

Elles ont des prédilections. Il se trouvera tel bois qu'elles ne fréquenteront jamais, tandis que le chasseur les rencontrera dans un bois voisin dont la situation cependant lui paraissait plus défavorable. On pourrait dire que le choix qu'elles font de leur station hivernale est de tradition. Aussi les chasseurs qui habitent la campagne savent-ils de père en fils où les trouver. Toutefois la bécasse ne séjourne guère plus d'une huitaine de jours dans la même futaie ou dans la même grosse haie. Elle change de quartiers, quitte à y revenir plus tard.

On en rencontre souvent dans les oseraies, parce qu'elles y trouvent la vie facile, le terrain étant humide, perméable et fécond en vers.

Il faut la voir ainsi *piétter* et chercher sa nourriture. Elle sonde la terre de son long bec et retourne les feuilles pour découvrir un vermisseau qu'elle secoue crânement en battant l'air de ses ailes relevées. Puis, le repas terminé, elle descend au bord de l'eau, se lave le bec et les pattes.

Fût-elle sous le nez d'un chien d'arrêt, elle file horizontalement, puis s'élève et poursuit son vol dans les futaies, se protégeant constamment le corps par le tronc des arbres. Un seul plomb l'arrête, elle tombe lourdement. Lorsque vous la ramassez, elle a encore ses grands yeux ouverts et humides.

Il y a des endroits, même en Bretagne, où, dans l'hiver, l'on ne rencontre pas plus d'une quinzaine de bécasses. Aussi, dès que la première a été signalée, grands et petits chasseurs se mettent-ils à sa poursuite.

La présence de ce fin et luxueux gibier se trahit immédiatement.

C'était dans les premiers jours de novembre. Nous chassions depuis une quinzaine de jours dans le département de la Manche.

Il y avait avec nous quelques dames au nombre desquelles il s'en trouvait une du nom de Diane.

En pareille compagnie, à la campagne, les soirées passent vite; de plus, elles sont fort gaies.

Il était quatre heures du soir ; la chasse terminée, nous rentrâmes.

Le temps était magnifique, le soleil avait empourpré l'horizon en se couchant. Je proposai une promenade à Mme Diane, la plus vaillante. Elle accepta et nous partîmes seuls, car personne ne parut disposé à ajouter, ne fusse qu'un kilomètre, à ceux déjà parcourus. On était las !

La société d'une femme est toujours aimable, surtout quand on a passé une journée entre hommes. Puis, je dois l'avouer, j'avais mon idée. Vous pourrez vous en convaincre tout à l'heure.

Je ne vous ferai point le portrait de la jeune femme, ce qui importe peu.

Qu'il vous suffise de savoir qu'elle était charmante, enjouée, vive d'esprit et d'allures, en un mot parisienne.

A la campagne, j'ai toujours l'habitude de ne jamais sortir sans mon fusil. Je le mis donc en bandoulière et j'offris mon bras à la chasseresse.

Nous prîmes le chemin communal : à une centaine de pas, je lui demandai :

— Avez-vous de solides brodequins ?

— Pourquoi ? fit-elle.

— C'est que nous allons aller à travers champs.

La nuit s'avançait rapidement et la lune n'était pas encore levée.

Elle me regarda de ses grands yeux étonnés.

— Vous avez peur ?

Elle sourit malignement.

— Peur ! avec un cavalier armé ? allons donc ! jamais ! ajouta-t-elle d'un petit air décidé !

— Très bien ! mais j'en reviens à vos bottines.

— Elles sont en bon état, ne vous en préoccupez point.

— Voulez-vous les risquer ?

— Si cela peut vous être agréable ; mais enfin, où allons-nous ?

— Vous le saurez !

Nous sautâmes prestement dans un pré que clôturait une haie. La soirée était superbe.

— Je vous ménage une surprise.

— Laquelle? demanda-t-elle à mi-voix, ainsi qu'un enfant en quête d'une gâterie.

— J'ai, en chassant ce matin, découvert le *cantonné* d'une bécasse.

— Et je vais la voir?

— Je l'espère.

Elle eût presque battu les mains de contentement. Au bout du pré se trouvait un sentier rocailleux aboutissant à un petit bois.

Tout à coup :

— Est-ce que vous allez la tuer?

— Comme il vous plaira!

— Oh! non, fit-elle sérieusement.

Son cœur aurait souffert de voir tuer traîtreusement une bête inoffensive et elle se fût reproché d'être venue assister à ce qu'elle appelait un assassinat.

— Du calme, lui dis-je.

Nous arrivâmes à la lisière du bois. La lune surgissait à l'horizon et donnait au paysage un cachet poétique ravissant.

La tenant par la main afin de la guider, je contournai le bois à droite. Enfin, après cinq minutes de marche silencieuse, nous prîmes un sentier plus étroit. Les feuilles sèches craquaient sous nos pas. Instinctivement, la jeune femme se cramponna à mon bras.

La nuit, avec ses silences imposants, ses bruits inconnus, n'est pas sans causer quelqu'effroi aux femmes, surtout à celles qui ont l'imagination vive.

Nous cheminions sans mot dire. Si je n'eusse pas été préoccupé du but de notre promenade, j'eusse certainement senti les battements précipités du cœur de la dame.

Elle marchait fiévreusement.

La lune argentait le sommet des arbres et ses rayons blanchissaient çà et là les troncs des hêtres et des chênes. Un jour se fit devant nous.

Deux grands chênes profilaient dans l'ombre leurs silhouettes de squelettes dénudés.

Il y avait encore une petite montée; arrivés au sommet je lui indiquai une clairière à dix mètres au-dessous de nous.

On n'entendait que le cours d'eau sussurant mélancoliquement.

Au bord du ruisselet, sur la terre, une couche épaisse de feuilles mortes.

— Pour un peu, j'aurais peur! murmura Diane.

Je la rassurai et lui imposai un mutisme absolu.

La lune, que nous avions derrière nous, nous empêchait d'être vus, quand même nous n'eussions pas été protégés par le bouquet de chênes. L'astre nocturne éclairait à giorno le paysage dressé devant nous. — Nous attendîmes.

Cinq minutes environ après, j'entendis un bruit pareil à celui du vent balayant les feuilles, et je vis le noble oiseau; il *piettait*. Je l'indiquai à la jeune femme qui tressaillit. Alors, elle fut absorbée par le spectacle qu'elle avait devant les yeux. La bécasse, arrivée au bord de la clairière, tourna sa tête carrée de façon que son grand œil rond regardât la lumière, ensuite elle reprit sa position normale, se mit à frapper la terre du pied, et nous entendîmes le remuement des feuilles qu'elle retournait pour fouiller la terre. De temps à autre nous la voyions tirer un long ver et le secouer. Il s'entortillait autour de son bec, puis il disparaissait. Alors ses plumes se gonflaient, elle semblait doubler de volume, puis elle recommençait sa chasse.

— Est-elle mignonne! hasarda Mme Diane.

— Si nous la rapportions à la maison?

Je glissai doucement mon fusil entre les deux chênes, bien que je n'eusse aucune intention d'assassiner la jolie vagabonde. Mais je voulais voir l'effet de ces paroles brutales. Ma compagne me mit la main sur le bras avec un air suppliant qui eût désarmé un bourreau assermenté.

Elle ajouta :

— Vous avez trop de cœur !

Certes non ! je n'aurais pas voulu la tuer ainsi par surprise.

Nous demeurâmes quelques instants à la contempler, mais le froid de la nuit descendait et commençait à nous envelopper.

— Allons-nous-en, lui dis-je tout bas.

— Un instant encore !

— Non, vous allez être glacée !

Lorsque nous fûmes hors du bois :

— Comme je suis contente, dit-elle; pour un chasseur vous êtes bien méritant !

Elle ajouta :

— Nous ne le dirons à personne, car on pourrait venir et ne point faire comme nous ! Comment peut-on tuer d'aussi jolies petites bêtes ! Nous la protégerons !

— C'est cela !

Une demi-heure après nous étions à la maison où nous attendaient feu clair et bon souper.

Mme Diane avait eu une émotion douce et elle paraissait satisfaite. Elle était plus enjouée que jamais. De temps à autre, pendant le repas, je rencontrai ses grands yeux babillards. Je comprenais ce regard.

Le souper allait être terminé quand on frappa à la porte de la salle.

— On peut entrer ?... bonsoir la compagnie.

Celui qui prononçait ces mots était un paysan dont notre chasseresse avait plus d'une fois fait son porte-carnier.

Il s'assit au coin de la cheminée.

— Jean, veux-tu prendre un verre de cidre ?

— Pas de refus, répondit-il; je venais vous annoncer que les bécasses sont arrivées !

Mme Diane eut un soubresaut et nos regards se croisèrent.

J'entendis un bruit pareil à celui du vent et je vis la bécasse.....

— Oui, il y en a une dans le bois des Aunais ; je l'ai vue ce soir, elle est superbe !

Nous avions entendu un bruit dans le chemin longeant le bois, c'était donc lui.

La jeune femme, ma compagne d'excursion, ne mangeait plus.

— Si vous vouliez, poursuivit Jean, nous irions au petit jour, et il faudrait bien qu'elle nous *cause*.

— Adopté ! s'écrièrent les chasseurs.

— Pour une bécasse, je donnerais deux lièvres, ajouta l'un.

— Coup royal ! mes amis, répliqua un autre.

— A quelle heure partons-nous ?

— Ah ! dame, il serait bon d'être là encore d'assez bonne heure, repartit Jean ; quand elle aura patiné elle se remettra au taillis et nous la tuerons au lever du soleil.

A ce mot de tuer, Diane eut un frisson.

— Pourquoi la tuer ? demanda-t-elle anxieusement.

— Pourquoi ? répétèrent les chasseurs stupéfaits ; parce que c'est un bon morceau à prendre, parce qu'une bécasse est une excellente aubaine et que nous ne sommes pas gâtés.

— Allons ! pas un ne manquera à l'appel. Jean, tu me réveilleras et je me charge du reste.

Jean salua et se retira en assurant qu'il serait exact au rendez-vous. Quand il fut parti, Diane, un peu dépitée, nous dit à tous d'un ton railleur :

— Ne dirait-on pas que vous allez entreprendre une expédition. Y aura-t-il des fusils de rechange ?

On se prit à rire de la boutade de la jeune femme, après quoi on se sépara.

A la campagne, une aimable liberté permet bien des allées et venues sans que pour cela elles tirent à conséquence.

Diane redescendit aussitôt et vint me trouver. J'étais en train de graisser les pattes de mon chien.

— Que faire?

— Je n'irai point.

— Au contraire, reprit-elle, vous vous arrangerez pour la lever et..... vous la manquerez.

— Mais, il y a d'autres fusils et de bons tireurs.

— Pauvre petite! A la grâce! Vous ferez ce que vous pourrez pour lui sauver la vie.

Le lendemain, à l'heure fixée, tout le monde était sur pied. On eut dit une affaire d'État. On prenait parti pour ou contre. Enfin, on eut dit que l'on allait assister au débucher d'un loup. Le temps était superbe : un brouillard de bon augure voilait l'horizon. Le froid vous piquait les mains.

Nous prîmes à peu près le même chemin que nous avions suivi, la veille au soir, ma complice et moi. Comme vous devez le penser, je ne marchais pas avec la même gaieté de cœur que la veille. Je pensais que la bécasse se lèverait et qu'on la peloterait. Comment empêcher cela? je ne savais vraiment de quelle façon m'y prendre. De fait, je me trouvais être de service pour assister à une exécution! Nous avions des chiens d'arrêt aux colliers desquels étaient attachés des grelots.

Les chiens entrèrent au bois.

Tous nous avions l'arme au bras, prêts à faire feu : la chasse était commencée. Je tenais de près la haie, tandis qu'un de nos compagnons allait de ci de là frappant les buissons avec le canon de son fusil.

Au nombre des chiens que nous avions, il s'en trouvait un qui menait la bécasse absolument comme s'il se fût agi d'un lièvre.

Cinq ou huit minutes s'étaient à peine écoulées que nous entendîmes gnaff! gnaff!

Je ne pus me défendre d'une certaine émotion. Elle avait pietté là. A chaque instant, je m'attendais à entendre le bruit de ses ailes et à la voir tomber sous le plomb.

Les grelots des chiens s'arrêtèrent. Sans doute l'un deux était en arrêt sur la malheureuse bête. Je me portai vers l'endroit où les clochettes avaient résonné en dernier lieu. A vingt pas de moi s'échappa sans bruit aucun, du trou d'un vieux chêne, un hibou. Pour obéir aux désirs de Mme Diane, je cherchai à donner le change, j'ajustai l'oiseau et je pressai la détente.

A la détonation, les chiens qui, ainsi que nous l'avions préjugé en n'entendant plus le grelot, étaient fermes, forcèrent l'arrêt.

J'entends encore le bruit des ailes de la bécasse. Elle pointa en en se jetant dans le gaulis et ne fila horizontalement que lorsqu'elle fût de mon côté. Les autres chasseurs, que mon coup de fusil avait déroutés, n'eurent pas le temps de la tirer au cul levé, en sorte que je la laissai gagner un taillis situé à deux cents mètres de nous.

Mes amis me demandèrent pourquoi je m'amusais à tirer les chouettes pour troubler les chiens. Un d'entre eux qui, sans ce contretemps, eut peut-être démonté l'oiseau, m'appela maladroit. J'endurai leurs quolibets, car tout était pour le mieux pour le moment. Mais la pauvrette n'était point sauvée, et nul n'avait envie de rester en si beau chemin.

On l'avait vue se remiser, il fallait la suivre.

En peu de temps nous arrivâmes au bord du taillis. C'était à qui serait le premier au poste d'honneur.

La pauvre bête, n'ayant point encore été chassée et manquant peut-être un peu d'expérience, n'avait pas marché, de sorte que les chiens eurent du mal à la retrouver. La quête était difficile; autour d'elle point de sentiment qui la révélât.

Le soleil dorait le bord du bois, le brouillard tombait.

Enfin les chiens l'éventèrent. J'aurais voulu, pour ce moment suprême, avoir avec moi des chasseurs novices.

L'oiseau ne tint pas l'arrêt aussi longtemps que la première fois.

— Marche Black!

Ainsi pressée, la malheureuse partit comme une explosion.

Pan! Pan!

Rien!

Elle pointa et fit son crochet pour gagner d'autres bois par le haut des arbres.

Pan! Pan!

Encore rien.

Dois-je l'avouer, je mis aussi en joue, le doigt sur la détente de mon fusil.

Elle allait disparaître.

Je la vise... les plumes volent, elle culbute sur elle-même:

J'avais vu le résultat avant d'entendre la détonation.

La protégée de Mme Diane avait cessé de vivre.

Je regardai mon fusil, il était encore chargé.

C'était mon voisin de gauche qui, comptant sur la précipitation de ses camarades, avait attendu le moment favorable afin que le coup ne pût être contesté et l'avait tuée!

Notre bécasse n'était plus!

Ce coup de fusil me fit de la peine: c'était peut-être autant à cause de la protectrice que par intérêt réel pour la protégée.

En tout cas, j'avais fait de mon mieux. Mon confrère en saint Hubert était ravi et il avait raison.

Je proposai de continuer la chasse espérant qu'il y en aurait d'autres. Mon raisonnement était celui-ci : si nous avons le bonheur d'en tuer une ou deux encore, le cœur tendre, resté au logis, n'aura point motif de se lamenter, car rien ne lui prouvera que, parmi les victimes, se trouve sa protégée de la veille.

Hélas! je ne fus pas servi à souhait, et il nous fallut rentrer avec la bécasse désignée par le sort pour affliger une femme trop sensible.

Mme Diane nous attendait impatiemment.

Je fermais la marche.

— Victoire! s'écria le chasseur heureux en apercevant notre amie, et il lui présenta sa victime. La jeune femme regarda ces grands yeux qu'un brutal coup de fusil avait déjà ternis.

Elle ne pleura point mais elle n'en fut peut-être pas loin.

Ainsi que certaines natures délicates qui éprouvent un âcre plaisir à sonder leurs infortunes et à retourner le fer dans la plaie, elle se fit raconter toutes les péripéties de la chasse.

Quand, plus tard, on servit la bécasse bardée, appétissante de son délicieux fumet, elle n'en mangea point.

Alors je racontai notre promenade du soir, et combien vite cette petite bête avait été adoptée. On plaisanta un peu la chasseresse; et le surlendemain, quand, pour sortir, celle-ci prit son petit chapeau tyrolien en feutre couleur gros vert, elle y trouva attachée une plume de sa regrettée bécasse.

Mais les grandes douleurs ont une fin.

Je crois qu'à l'heure présente, Mme Diane n'a plus le cœur gros en pensant à cette protégée d'un jour; mais je n'affirme pas qu'elle n'en garde encore les plumes.

Pour moi, je ne veux plus me faire le champion des bécasses. Cette protection, accordée sans réflexion, m'a fait perdre un trop beau coup de fusil.

UNE MÉSAVENTURE DE JONATHAN

La chasse aux canards sauvages est fertile en incidents de toute nature.

A côté d'accidents terribles, parfois aussi se placent des aventures plaisantes. Quand je dis plaisantes, je me mets au point de vue de ceux qui les racontent ou bien en ont été témoins. Car les aventures lesquelles, en réalité, sont des mésaventures, ne font pas rire, sur le moment du moins, l'infortunée victime.

Lorsqu'elles arrivent, celle-ci est beaucoup plus disposée à envoyer les rieurs, s'il s'en trouve, aux cinq cent mille diables qu'à faire la bouche en cœur !

Si elle en rit, c'est longtemps après, alors que l'aventure est passée à l'état de souvenir.

Ces mésaventures ont quelquefois pour épilogue une bonne fluxion de poitrine ; quand je dis bonne, c'est par euphémisme ; sérieuse, serait le mot propre.

La suite inévitable de ces accidents se traduit généralement par des rhumatismes.

Celui que ne rebute pas ces incidents variés, risibles pour les autres, devient nécessairement un chasseur passionné.

Tel est Jonathan Surkrout.

Ce grand amateur de chasse en général et de chasse au marais en particulier s'est, par une belle journée de novembre, dirigé vers un étang alimenté par la Meuse.

Une large bordure de roseaux permet aux canards, sarcelles et autres oiseaux de séjourner à leur aise sans être vus sur l'étang. On en rencontre toute l'année, et, avec les brumes d'automne, les premières volées de canards, attirés par leurs congénères nés sur les bords, ont été signalées.

Jonathan, qui sait cela, a avisé, pour l'affût, un bon endroit protégé par un bouquet d'arbres qui, se mêlant aux roseaux, le dissimule à tous les regards.

Le terrain en pente lui a permis de s'asseoir sur la terre ferme, les pieds appuyés contre les premières touffes de roseaux dont le terreau, encore un peu solide, les soutient.

Il est là comme un renard à son poste en attendant que les lapins sortent de leur terrier.

Par précaution suprême, et de peur d'un emballement inopportun, il a attaché son chien par une ficelle à l'anneau de son carnier. En sorte que, si le nerf olfactif de Médor est atteint par les émanations du gibier rôdant, le bouillant animal n'aille pas, d'un bond irréfléchi, troubler les ébats d'un trop confiant canard.

Son fusil est à côté de lui tout prêt à tonner. Toutes ces précautions prises, Jonathan a allumé sa grande pipe en porcelaine et attend.

Pas le moindre bruit : tout est silencieux. Jonathan observe la masse liquide dont la surface n'est ridée par aucun palmipède.

Patience! L'heure n'est point encore venue, les instants s'écoulent donc dans une demi-rêverie contemplative.

Un canard, trompé par le calme qui règne autour de lui, est sorti à cinquante pas du chasseur et a longé la bordure de roseaux jusqu'à venir à dix pas de son ennemi. Il finit par barboter si près de Jonathan, que Médor, tout en étant couché, flaire tout à coup l'imprudent.

Or, sans songer qu'il est attaché, il fait un bond pour s'élancer sur la proie assez audacieuse pour s'aventurer si près de lui.

Patatras!

Dans son élan, il entraîne son maître! Celui-ci lâchant sa pipe, dégringole de plusieurs pas, s'enfonçant dans la vase de l'étang.

Jonathan, arraché si subitement à sa rêverie, a compris ce qui se passe et a saisi son fusil!

Mais... la position critique dans laquelle il se trouve l'empêche de faire feu, et, une de ses jambes en l'air tandis que l'autre prend un bain imprévu, il contemple le canard s'enfuyant à tire d'ailes avec son *couan-couan* moqueur.

Ce que c'est que trop de précautions!

C'est égal, je ne voudrais pas être à la place de Médor, car, certainement, il étrennera et paiera la malechance de son maître.

Mais, pourquoi diable Jonathan fumait-il et contemplait-il les spirales de fumée bleue de sa pipe?

LE CRABE

Ce jour-là, j'étais parti avec mon chien, sur la plage du Crotoy, longeant le flot qui dévalait rapidement vers la mer laissant à sec le lit sablonneux de la baie capricieusement valonné par le remou des marées. Ici des flaques d'eau; là, contournant des monticules de sable fin, de petits ruisselets limpides rejoignant le grand courant.

C'était au mois de juillet : il ventait une petite brise du large, le ciel était clair; il faisait bon ainsi flâner le nez au vent, car pour la chasse, on ne pouvait en faire un objectif sérieux vu qu'à cette saison du 15 juin au 15 juillet elle est à peu près nulle. A part cependant les hasards, la mer étant le domaine de l'imprévu. Dans une oasis consistant en un amas de galets couverts d'herbes marines et autour desquels filtrait çà et là un reliquat de marée, j'avais rencontré quelques pluviers à collier et j'en avais tué un. Plus rien ne se signalait et je me divertissais à suivre les crabes déguerpissant devant moi, se traînant de côté en des postures bizarres, étirant leurs pinces comme des boxeurs qui s'apprêtent à la lutte.

C'est vraiment chose curieuse de suivre sur le sable uni, gardant l'empreinte exacte des évolutons de ces crustacés, les traces de leurs grandes pattes pointues. Un chasseur se prend à faire le pied comme s'il s'agissait d'une bête de chasse et de le suivre jusqu'à la retraite de rencontre où vitement s'est réfugié le crabe. L'opération est aisée et la voie est plus facile à débrouiller que celle du lièvre. Il n'y a de solution de continuité que lorsqu'il se trouve un petit courant d'eau ou quelques galets amoncelés, ou encore quand les voies se croisent.

En suivant ces pistes, on finit par trouver les crustacés dans les positions les plus étonnantes. Si c'est en surface plane et que le crabe vous ait aperçu le serrant de trop près, il s'enfonce prestement dans le sable ne laissant passer que sa tête. On dirait un souffleur de théâtre dans sa boîte.

Si vous vous approchez encore un peu, les pattes inférieures opèrent un mouvement et il disparaît entièrement; on constate dans le sable comme un remou qui l'engloutit et le dérobe aux regards.

Le mois de juillet est la saison du flirt, et aucun ne s'en prive.

On les rencontre presque tous une pince en l'air et de l'autre pressant contre eux une crabesse, laquelle ressemble à une petite galette. On dirait à les voir, se retirant de côté sur leurs pointes, des danseurs de salon glissant sur un parquet et tenant contre leur poitrine un gibus aplati. — C'est tout à fait divertissant.

Quelquefois ils semblent vouloir faire tête ni plus ni moins qu'un solitaire et cherchent audacieusement à saisir avec leurs pinces la botte qui s'avance vers eux. J'en ai vu plusieurs faire quelques pas en avant avec des airs batailleurs vraiment réjouissants.

J'étais occupé à étudier les manœuvres d'un grand rouge lequel, campé sur ses grandes pattes, écumait de rage et, de ses deux pinces au vent comme il l'eût fait avec une flamberge, asticotait mes chaussures. A quelques pas de là mon chien poussait des jappements joyeux. Lui aussi se trouvait en face d'un crabe en humeur de révolte. Il faisait comme son maître, il s'amusait. Dans l'attitude que l'on connaît d'un animal qui veut jouer, les pattes de devant étendues, prêt à s'élancer, il incitait du geste ce qu'il regardait comme une marionnette vivante. Mais celle-ci était loin de rire et sans reculer d'une pointe elle projetait ses défenses en avant lorsque

Mon chien aussi se trouvait en face d'un crabe.

le chien avançait la patte. J'avais souvent vu les crabes, et d'autres crustacés tels que homards, tourteaux, étrilles, etc., chercher à se défendre en se servant des armes dont la nature les a pourvus, mais c'était la première fois que je remarquais deux crabes se poser simultanément en batailleurs et aller de l'avant.

C'était fort curieux, et l'attitude de mon chien m'intéressait.

A ce moment l'ombre de deux grandes ailes se dessina à quelques pas de moi sur le sable. Mon regard chercha l'oiseau et j'aperçus, déjà passé, un beau goéland à manteau bleu se dirigeant vers la mer. Le coup était bien incertain, mais pour réussir dans les chasses de grève et de mer il faut savoir risquer plus d'une cartouche. J'envoyai une dragée de plomb n° 2 et j'eus le plaisir momentané de voir le goéland fléchir, puis il continua sa route. Certes, sans la contemplation de ce crabe, je l'eusse tiré dans de bonnes conditions et je l'eusse descendu. Au bruit du coup de feu, Stop s'était précipité en avant, ses jappements joyeux avaient cessé ; mais presque aussitôt leur succéda une plainte de détresse. Il était arrivé ceci, qu'en s'avançant le chien avait posé le pied tout près de son ridicule adversaire et celui-ci lui avait bel et bien empoigné la patte qu'il ne lâchait pas. Douloureusement pincé, furieux, humilié peut-être, il hurlait et faisait triste mine.

J'intervins nécessairement et je donnai une leçon au crustacé en l'élinguant avec force dans le courant de l'eau.

En poursuivant ma route vers la pointe de Saint-Quentin je découvris, au bord de l'eau, le goéland que j'avais tiré; il était blessé. Un second coup de fusil le mit en ma possession. Bizarrerie de l'aventure, à quelques pas de lui se trouvait inanimé sur le dos un crabe rouge que je reconnus pour celui qui avait pincé Stop et auquel j'avais fait faire une lourde chute. Il avait encore dans sa pince droite des poils de mon compagnon! Le courant l'avait drossé.

Depuis, Stop n'a jamais plus plaisanté avec ce genre d'animaux aux rudes façons.

LES MÉFAITS D'UN CYCLONE

En cette funeste année de 1890, si fertile en cyclones, trombes, tornados, siphons et autres calamités, le plus éprouvé des Parisiens fut, à coup sûr, Onésime Malchançard, fabricant d'yeux de poisson pour les naturalistes.

Malchançard, notable commerçant dans sa partie, possesseur d'une fortune assez rondelette, se réveilla un beau matin avec l'idée bien arrêtée qu'il convenait que lui aussi fît partie de la cohorte des disciples de saint Hubert.

On était à la mi-août.

Au dîner de famille, en sirotant son café, il fit part à sa femme et à sa fille de son projet.

Après s'être gratté le petit poil hygrométrique planté dans une verrue à cheval sur le bout de son nez, comme c'était sa coutume alors qu'une préoccupation sérieuse l'obsédait, il interpella son épouse.

— Tu ne sais pas, Sidonie — ainsi s'appelait Mlle Poilpot, devenue Mme Malchançard par-devant M. le Maire — cette année, je vais chasser.

Sidonie s'attendait si peu à cette déclaration qu'elle fut prise d'un éternuement formidable, qui la secoua tellement qu'elle envoya promener sa tasse de café à demi-pleine.

— Tu vas te mettre à chasser, toi?

— Et pourquoi pas?

— A ton âge, un père de famille! un homme rangé!

— A mon âge! tu veux rire : j'ai cinquante-deux ans; j'ai bon pied, bon œil, et je ne vois pas pourquoi je ne ferais pas comme les Fromageot. Ils ont loué une chasse superbe en Seine-et-Marne, et le lundi matin, ils reviennent avec des bourriches de gibier à ne savoir qu'en faire. D'ailleurs, depuis longtemps déjà je me sens des dispositions pour cet exercice tout à fait à la mode.

— Mais tu n'as pas de chasse, et m'est avis que tu ne vas pas en louer une! cela coûte trop cher, et j'imagine que tu n'iras pas dans la plaine Saint-Denis tuer des moineaux?

— Pour ça, non! Quant à la location d'une chasse, j'aviserai l'an prochain... je trouverai peut-être une action dans une chasse des environs de Paris; pour cette année, je vais aller faire l'ouverture dans le Calvados, chez mon ami Dupressoir... tu sais bien, Dupressoir, le fermier dont je t'ai souvent parlé, celui-là sera enchanté de me recevoir?

— Mais les accidents! Onésime, je ne me ferai pas une goutte de bon sang pendant ton absence.

— Rassure-toi! Je suis prudent dans le plaisir comme dans les affaires, et les armes ça me connaît. Tu ne te rappelles donc pas le tir de la foire à Saint-Cloud, quand j'ai gagné du pain d'épices au tir à la carabine? J'ai besoin de distractions, et la chasse est mon affaire.

— Laisse papa prendre cette distraction, il ne sort jamais, et ça lui fera du bien, brusqua tout à coup Eugénie Malchançard, jeune fille de dix-huit ans, qui n'avait pas encore ouvert la bouche, écoutant ce colloque imprévu pour elle.

— Tu entends ce que dit Eugénie : n'ai-je pas raison, fillette?

— Sans doute, papa, et je suis certaine que maman, en y réfléchissant, trouvera que tu fais bien. Va chasser, petit père, et nous mangerons du gibier tué par toi.

En ce moment, Eugénie Malchançard se rangeait carrément du côté paternel, et trouvait utile de flatter cette subite passion. Il convient de dire que Mlle Malchançard était depuis plusieurs mois recherchée en mariage par un jeune aide pharmacien, et que l'auteur de ses jours, qui ne voyait pas ce mariage d'un bon œil, lui avait signifié qu'elle eût à ne plus songer à ce propre à rien, à ce sans-le-sou. La politique est de tous les âges et de toutes les saisons; et, en cette occurrence, Eugénie faisait de la politique pour son compte : en flattant papa dans sa passion vivace bien que subite, elle espérait qu'il s'adoucirait sur la question délicate. Enfin, elle fit si bien, qu'après une lamentation suprême de Mme Malchançard, il fut convenu qu'Onésime chasserait, puisqu'il le désirait.

Le fabricant d'yeux de poisson était doué d'un entêtement de mulet; quand il avait décidé une chose, cette chose se faisait. Ce jour-là, il fut absolument rayonnant d'avoir enlevé le vote de famille à propos d'un projet si nouveau et pour la réalisation duquel il avait soupçonné un certain tirage. Le restant de la soirée, il ne parla que lièvres, perdrix, fusils à longue portée, etc.

La nuit, il rêva hécatombes de gibier; dans son agitation fébrile, il donna un coup de poing si violent dans le dos de son épouse, que la malheureuse, réveillée en sursaut et tout endolorie, se jeta à bas du lit en criant à l'assassin.

Malchançard rêvait qu'il assommait un lapin récalcitrant.

Le lendemain, oubliant ses yeux de poisson, il visita les magasins d'équipement et une vingtaine de boutiques d'armuriers. Huit jours après, il était équipé.

A une lettre de protestations amicales témoignant du désir de le revoir et finalement lui demandant de faire l'ouverture avec lui, l'ami Dupressoir avait répondu qu'il l'attendait à bras ouverts, que pour lui il réservait son meilleur cidre, etc.

Complètement heureux, Malchançard fit part à ses connaissances de sa résolution qu'il regardait comme virile. Il acheta les journaux de chasse sérieux, rien que ceux où l'on traite de la vie des champs; en un mot, il s'entraîna.

Le choix d'un chien, car Malchançard était entré de plain-pied dans la grande école, le choix d'un chien, disons-nous, fut laborieux. On discuta les espèces en famille, comme si on eut discuté l'achat d'une pièce de drap afin d'habiller toute la maisonnée. Le chien devant faire partie de la maison, la mère et la fille donnèrent leur avis.

Onésime, sous les yeux duquel était tombée une polémique au sujet des chiens anglais et français, tenait pour la race anglaise. C'était plus chic !

La fille désirait un chien à poil long, très caressant et point trop grand.

Sa femme aurait souhaité un bull-terrier auquel on aurait confié la garde de la maison.

Malchançard, déjà ferré sur la matière, expliqua qu'un bull n'avait rien de commun avec un chien de chasse et qu'il se déciderait probablement pour un pointer ; que du reste il se renseignerait auprès de son armurier, lequel lui indiquerait où il devrait s'adresser pour être bien servi. Il déclara qu'il ne s'accommoderait point d'un chien ordinaire.

Venant de Paris, il n'était pas fâché d'épater son ami Dupressoir.

L'armurier, consulté, lui donna plusieurs adresses de marchands de chiens.

Onésime jeta son dévolu sur celui qui faisait le plus de réclames.

Le stock des imbéciles est si nombreux que les prospectus les plus ronflants réussissent toujours.

« Maison de confiance ! absolument de premier ordre », avait-il lu sur l'un de ces prospectus. On fit défiler devant lui des chiens de toute espèce, affublés de noms pompeux, descendant des chenils les plus illustres. En fin de compte, après un long débat, il acheta pour deux cent soixante-quinze francs un braque efflanqué, à queue en trompette, dont le pédigrée, communiqué pour l'instant, lui assura-t-on, à un riche amateur, constatait les origines les plus hautes et une filiation sans solution de continuité. C'était pour rien! le chien rapportait admirablement le mouchoir, était doué d'une puissance de nez incomparable, avait toutes les qualités!

Cette fois Malchançard était prêt à se mettre en campagne. Il rentra triomphalement à son domicile, tenant son chien au bout d'une corde. La nouvelle recrue répondait au nom de Mylord.

Le chien *anglais* fut trouvé admirable par ces dames. Il n'y avait réellement que les chiens de cette race! Quelle distinction!

Onésime, pourpre de satisfaction, s'écria :

— Crois-tu, bonne amie, que je ferai bonne figure?

— Dès le moment que tu t'es mis en tête de chasser, je trouve que tu te dois de paraître selon ton rang.

Trois jours avant celui qui devait être si glorieux, Malchançard, conduit par sa femme et sa fille, celle-ci tenant Mylord en laisse, se rendit à la gare de l'Ouest.

Les derniers mots de Sidonie à son époux furent ceux-ci :

— Surtout, prends garde aux accidents et aux procès!

Et, délicate attention, elle lui remit une pharmacie de poche.

Le train s'ébranla. Le nouveau Nemrod était parti.

Dupressoir l'attendait à la station d'arrivée. Après les effusions d'usage entre amis qui ne se sont point vus depuis vingt ans, on monta dans une carriole pour gagner la ferme. Mylord fut hissé dans le tablier, car il était à craindre qu'il ne se perdît en route, et puis c'était un rude chien qu'on devait traiter avec égards.

A l'arrivée de la carriole dans la cour de la ferme, Mylord sauta à terre et incontinent donna la frousse à une ribambelle de volatiles qui s'enfuirent de tous les côtés en poussant des cris assourdissants; il en attrapa un qu'il étrangla bel et bien, malgré les appels désespérés de son nouveau maître.

— Faudrait veiller à ce gaillard-là, insinua cauteleusement Dupressoir.

— On va l'enfermer, répliqua Onésime, mais c'est un rude chien.

Pendant les deux jours qui précédèrent l'ouverture, le boutiquier parisien put apprécier les repas copieux que l'on donne dans cette partie plantureuse de la Normandie : on avait invité des connaissances pour fêter la bonne venue du Parisien, et on fit grosse ripaille.

Enfin le fameux jour arriva.

Dès cinq heures du matin, le ciel était chargé de nuages plombés, et çà et là de petites nuées blanches ne présageant rien de bon surgissaient tout à coup, éclairant de reflets laiteux les contours chargés d'encre de ces grosses masses roulantes. La veille, la température avait été lourde et accablante.

Mais qu'importe le temps un jour d'ouverture ! si on s'en inquiète en prévision des résultats, on l'affronte gaiement, quel qu'il soit. Or, au départ, il n'y avait que des menaces plus ou moins immédiates ; et parmi les plus clairvoyants, il n'y en eut certes pas un qui soupçonna la réalité dans toutes ces conséquences.

Onésime Malchançard et son ami Dupressoir se mirent en route, battant les luzernes, quoi qu'elles fussent trempées, et les éteules avec une ardeur sans pareille.

Dupressoir, en sa qualité de paysan connaissant son terrain, avait déjà tué deux lièvres que son compagnon, malgré son rude chien, lequel portait l'effroi parmi les compagnies de perdreaux, avait tiré une douzaine de coups de fusil sans faire voler une plume. Il était neuf heures du matin.

Entrant dans un champ d'avoine, le vaillant Mylord fit partir une nouvelle compagnie à bonne portée : son maître lâcha simultanément ses deux coups de feu dans le tas, sans plus de succès d'ailleurs. Pendant que le chien anglais piquait une course folle

Le garde-champêtre l'interpella d'une façon brutale.

après les oiseaux affolés par ses incartades et par les détonations, Malchançard, désespéré de son peu d'adresse, venait de remettre deux cartouches dans son fusil, lorsqu'un levrault déboula à vingt pas de lui.

Il ajusta et le toucha du deuxième coup.

Après une course égayée par deux chutes, il put enfin le saisir. Il avait tué un lièvre!

Le cas arrive même à un sous-boutiquier qui sait à peine se servir d'une arme. La mauvaise chance cette fois était pour le pauvre hère, en droit d'espérer une aventure moins lamentable.

Une seule chose manqua au bonheur d'Onésime, ce fut la présence de Dupressoir; mais celui-ci, tout entier à sa chasse, courait des bordées et n'était même pas en vue.

— Désensorcelé! pensait Malchançard, maintenant je vais me distinguer.

Mais pendant qu'il s'époumonnait à appeler son chien, qui, lui aussi, avait disparu, voilà que tout à coup le ciel devient noir comme un four; subitement surgit une trombe de vent : le tonnerre se met à gronder de tous côtés, et les cataractes d'en haut s'ouvrent avec une abondance sans pareille, déversant pendant un bon quart d'heure une avalanche de grêlons gros comme des œufs de pigeon. C'est un sauve-qui-peut général. Malchançard, aveuglé, ne sait plus à quel saint se vouer. Brisés par la tourmente, les arbres volent dans la campagne comme des plumes. Un véritable tornado d'une intensité inouïe enveloppe le malheureux Malchançard, qui, après avoir été roulé dans la plaine comme une simple javelle d'avoine, est enlevé dans le tourbillon!

Vingt minutes après, meurtri, anéanti et comme sortant d'un affreux cauchemar, le pauvre Onésime se trouve au beau milieu d'une pièce d'orge. Le temps est rasséréné; il rassemble en vain ses esprits pour se rappeler; il ne sent que ses contusions.

Soudain il s'entend interpeller d'une façon brutale par un garde champêtre qui, de loin, lui déclare procès-verbal pour dévastation de récoltes encore sur pied, avec injonction de sortir sans délai.

Malchançard ne répondant point, le garde vigilant fait lui-même une trouée à travers l'orge d'où émerge la tête du délinquant, et bientôt se trouve en face de lui. Il aperçoit alors le fusil et le carnier.

— Ah ! c'est cela ! s'écrie-t-il, je ne m'étonne plus que vous ne vouliez pas sortir de là. Vous braconniez ! je vous déclare un second procès-verbal pour chasse en temps prohibé.

Ahuri, hébété, le Parisien ne sait plus où il en est et ce que tout cela veut dire. Le tornado est passé ; mais cette série d'événements, auxquels il ne comprend rien, le rend incapable de répondre.

— Allons ! plus vite que cela ! continue le garde, sortez d'ici ; nous nous expliquerons tout à l'heure !

Joignant l'acte à la parole, il empoigne par le bras le chasseur récalcitrant.

Malchançard, auquel cette brutalité ravive les douleurs, pousse des cris de paon. Tant bien que mal, il se met sur pied en geignant et, cahin-caha, sort du champ d'orge.

— Votre nom, à présent.

Onésime continue à ouvrir de grands yeux sans répondre.

— Pas tant de façons : si vous ne voulez pas parler, suivez-moi jusqu'à la mairie.

— Mais ! finit par glapir l'infortuné.

— Il n'y a pas de mais. Je vous ai trouvé foulant une récolte ; de plus, vous vous y trouviez caché en action de chasse : le lièvre que vous avez là le prouve suffisamment.

— J'ai un permis !

— La chasse n'est point ouverte dans cette partie du département : vous le savez mieux que personne, puisque vous vous cachiez !

Malchançard a tiré son permis qu'il présente au représentant de la loi. Celui-ci inscrit les nom, prénoms, la profession, le domicile, et prend des notes pour son double procès-verbal.

Le Parisien, un peu revenu à lui, cherche à lui expliquer qu'il ne s'explique point cette aventure; que l'orage est survenu et que s'il se trouve dans ce champ d'orge il ne saurait dire comment.

— Farceur! lui cria, en s'éloignant, le garde, satisfait d'avoir en un même jour dressé deux procès-verbaux.

Ce qui était arrivé :

Enveloppé dans le tornado, l'infortuné Malchançard avait été soulevé dans les espaces et transporté dans la partie du département dont l'ouverture ne devait avoir lieu que quinze jours après!

Quand, sur le tard, il rentra à la ferme, sans chien, mourant de soif, moulu, méconnaissable, Dupressoir, assez inquiet des suites de cette tourmente sur le passage de laquelle la campagne était dévastée, était parti à sa recherche.

Il se coucha et s'endormit, livré aux plus affreux cauchemars.

Le lendemain, il put conter à son hôte tout ce dont il se souvenait et, après deux jours de repos, encore un peu éclopé, il mit le cap sur Paris.

On n'avait point revu Mylord, le fameux chien! Lorsqu'Onésime se montra détérioré de la sorte au domicile conjugal, ce furent, comme bien on pense, questions sur questions, et plusieurs fois il dut narrer sa triste odyssée.

— Je te l'avais bien dit, répétait sans cesse Mme Malchançard, que tu n'étais pas fait pour la chasse. Il faut espérer que cette leçon te servira.

— Oh! oui, répondait-il mélancoliquement.

Une semaine plus tard, il était cité à comparaître devant le tribunal de Lisieux pour chasse en temps prohibé et dévastation de récoltes.

Certain d'avance d'une condamnation, et d'ailleurs fort embarrassé d'expliquer nettement son aventure, il se laissa condamner par défaut :

Coût	400 fr.
En y ajoutant la perte du fameux chien.	275
Le prix du fusil	300
Un cent de cartouches.	26
L'équipement complet.	150
Le permis de chasse.	28
Le voyage aller et retour et les faux frais.	60
Cette envie subite de faire l'ouverture lui avait coûté.	1.239 fr.

Combien faudrait-il dans la suite vendre d'yeux de poisson pour combler cette brèche? On revendit à un ami le fusil pour cent trente francs et ce fut tout. A partir de cette équipée, le présomptueux boutiquier n'eut plus aucune autorité dans sa maison; il n'essaya même pas de s'opposer au mariage d'Eugénie avec son futur apothicaire. Mme Sidonie n'avait plus la moindre considération pour un homme qui, à son âge, s'était fait rouler de la sorte!

N'avions-nous pas raison de dire qu'aucun chasseur en cette année ne fut plus éprouvé qu'Onésime Malchançard, lequel, en cette circonstance, justifia d'une façon si lamentable la signification de son nom patronymique?

PARVA DOMUS MAGNA QUIES

PETITE MAISON GRAND REPOS

I

En cette année de grâce 18.., à la mi-octobre, je revenais de faire l'ouverture des bois en Seine-et-Marne dans un de ces rares domaines où le gibier foisonne grâce à un élevage bien entendu et à une surveillance active des gardes; un de ces domaines envisagés comme une légende par le petit chasseur rustique, broussaillant péniblement toute une journée pour tuer une couple de perdrix ou un lièvre.

Deux jours de chasse avaient fourni au tableau deux cent trente-six pièces : faisans, perdrix, lièvres, lapins, chevreuils et quelques oiseaux de rencontre. Indépendamment du succès obtenu, favorisé par un temps superbe, j'avais pleinement goûté la saveur de cette bonne vie de plein air au milieu des bois triomphants dans leur gloire automnale.

Pourquoi ces heures sont-elles si courtes ?

Rentré à Paris, je trouvai une lettre d'un mien ami, un vaincu, comme il s'appelait lui-même, de la grande bataille littéraire et que j'avais perdu de vue depuis environ cinq années. La lettre était timbrée de Pont-Croix, en Cornouaille, dans le Finistère :

« Cher ami,

« Penses-tu quelquefois à un disparu ? C'est ainsi, je crois, qu'en leur langage sceptique les parisiens parisiennant désignent ceux qui, à un moment donné, faussent compagnie à la lutte. Moi, je me souviens et je n'ai pas cessé de te suivre à travers la mêlée. C'est un peu à toi que je dois le calme définitif dans lequel je me trouve aujourd'hui ; car c'est dans nos causeries à travers le Paris tumultueux que j'ai pris ce goût de la solitude dans lequel je vis et qui, je l'espère, durera jusqu'à mon dernier souffle. Je t'écris de Ker-Alec, entre Pont-Croix et Audierne, où mes jours s'écoulent en chassant, pêchant, lisant et philosophant de temps à autre sur les vanités de ce monde. Sachant par tes livres, qui m'arrivent au fond de ma Thébaïde, que ton goût pour la bonne et saine vie de grand air, loin des hommes, ne s'est pas modifié, je t'adjure de venir passer quelques jours avec moi. Quand je dis quelques jours, c'est parce que tu ne t'es point encore affranchi, n'en ayant point encore fini avec la bataille.

« L'heure venue, tu feras comme moi, je le crois : toi, tu ne seras pas un vaincu, mais un sage ; et si tu veux venir de mon côté, quelle bonne vie à deux !

« En tout cas, pour le quart d'heure, il s'agit de boucler ta valise et de prendre ton fusil. Télégraphie-moi, j'irai te chercher à Quimper. Tu auras la lande, la mer, les étangs, les bois, enfin tout ce que tu as rêvé avant moi, et de plus, une hospitalité non point écossaise, mais bretonne, laquelle, dans sa simplicité, en vaut bien une autre.

« Et brochant sur le tout, je te promets l'amitié de mes braves toutous.

« Ainsi donc, pas d'excuses ! si besoin est, je te donne trois jours pour te mettre en paix avec tes éditeurs et tes journaux vampires, mais pas une minute de plus.

« Bien affectueusement, ton ancien camarade,

JACQUES.

A Ker-Alec, par Pont-Croix (Finistère).

II

Ce vaincu de la bataille littéraire était pourtant un véritable lettré en cette époque où tant de déclassés s'intitulent hommes de lettres comme on se dit ingénieur civil : étiquette banale et souvent mensongère. Instruit, écrivain distingué, toujours droit dans la voie, il n'avait point occupé la place que son caractère et son talent méritaient, parce qu'il n'avait voulu frayer avec aucune coterie, espérant triompher par son seul mérite. Malgré quelques succès indéniables, écœuré de voir ses efforts stériles au point de vue de la réputation bien assise à laquelle il aspirait, il avait déserté le combat.

Lorsque, pour la dernière fois, je le vis, il m'avait annoncé qu'il partait en voyage pour se retremper les idées. Il n'était pas revenu et c'était la première lettre qu'il m'écrivait depuis sa longue absence.

A Paris, cinq années sont un moment ; la fièvre de la lutte vous sépare à l'improviste : on passe et l'ami n'est déjà plus là. Ce n'était point que ma pensée ne se fût souvent envolée vers Jacques. Où était-il? Je ne l'avais, certes, pas oublié, et il m'avait bien manqué, mais je ne l'avais point revu.

Sa lettre me causa une véritable joie; le bon et brave cœur était retrouvé, de plus, il était heureux! En sage, il avait pris le meilleur parti. Le revoir, me réconforter à sa chaude amitié, passer quelques jours à courir de compagnie la lande et les grèves dans ce beau pays fait pour guérir bien des douleurs, c'était pour moi un réveil inattendu dans le domaine des rêves. Je lui écrivis sur-le-champ que je partirais le lendemain. Jamais, peut-être, déplacement ne m'était apparu sous des couleurs plus chatoyantes que ce voyage imprévu! J'allais rejoindre un ami des plus sympathiques, de plus me retrouver au sein de cette Bretagne qu'on n'oublie jamais avec ses ajoncs, sa mer aux caprices multiples, résumant dans les grottes de

Crozon et à Pennemark, toutes les tempêtes effroyables du nouveau monde, ses roches noires et déchirées que frôlent sans cesse les grands voiliers de l'Océan ; enfin, du soir au matin, le fusil sous le bras, me retremper dans la bonne vie d'homme libre sur cette côte dont l'aspect est d'une tristesse particulière, mais bonne à l'âme comme l'air est salubre au corps.

III

J'arrivai à Quimper le samedi vers les onze heures et demie. A ma descente du train, j'aperçus Jacques fouillant du regard les wagons dont les portes s'ouvraient simultanément, les unes par les voyageurs pressés, les autres sous la main de l'employé qui, descendu de son fourgon, les déclanchait méthodiquement sur toute la longueur du train. Mon fusil sur l'épaule et ma valise à la main, je sautai sur le quai au moment où son regard se croisait avec le mien. Il accourut vers moi et me prit dans ses bras comme un frère aîné le ferait pour un frère plus jeune arrivant d'un pays lointain.

— Merci, me dit-il affectueusement, tu me rends bien heureux.

S'emparant de ma valise, il m'entraîna hors de la gare.

Combien alors j'étais loin de Paris ! Il y a, certes, plus que les cent cinquante lieues kilométriques relevées par le cadastre entre Quimper et la capitale de la France ; l'air ambiant n'est pas le même, tout autre est le ciel : l'ensemble de ce qui vous entoure enveloppe le moi pensant et donne à l'âme un grand apaisement.

Insensiblement, la poussière de la route se détache des sandales sans qu'on ait besoin de les secouer et vous vous sentez renaître à une autre vie. D'ineffables sensations m'assaillirent subitement ; c'était certainement là qu'était la bonne vie !

Jacques avait commandé le déjeuner dans un de ces bons vieux hôtels dans lesquels le garçon en habit et en cravate blanche est inconnu, où le service se fait par des servantes, et d'où se dégage un certain parfum patriarcal qui est loin de manquer de charme. La chère y est demeurée classique, saine et faite pour les estomacs robustes. La salle à manger, spacieuse, très élevée de plafond, était tapissée de ces vieux papiers antiques comme elle, représentant de petits ports fantastiques où des pêcheurs étalaient sur le rivage des poissons multicolores ; là des veneurs aux habits bleus et des amazones aux robes couleur de feu, suivis de valets excitant des chiens innommés après un cerf aux andouillers multiples ; plus loin, des chasseurs tiraient des canards aux ailes bleues et aux cous verts. Ces peintures, quelque peu passées, donnaient, par leurs tons criards et leurs dessins naïfs, un aspect gai à cette salle propre et largement éclairée. Le linge de la table fleurait bon.

Notre déjeuner, pendant lequel, de part et d'autre, les questions se croisaient sans suite, sautant d'un sujet à un autre, rapides comme des feux de file, fut prestement enlevé. Il nous fallait, par une route difficile, gagner Audierne et le manoir de Ker-Alec. Cette première conversation à bâtons rompus ressemblait au verre d'eau pour apaiser la soif de savoir qui nous tenaillait l'un et l'autre après avoir été séparés si longtemps et avoir suivi une voie différente. Nous allions avoir huit bons jours au moins et les veillées au coin du feu pour reprendre une à une et développer ces interrogations parties comme des fusées sous le premier feu de la rencontre.

IV

Un char à bancs, voiture demeurée en usage dans ce pays-là, nous conduisit à Pouldergat où Jacques avait laissé la veille un vieux cabriolet qu'un voisin de campagne mettait à sa disposition chaque fois qu'il désirait faire une excursion ou aller en déplacement de chasse. Une bonne petite jument bretonne nerveuse, à longue queue, crinière au vent, faite à tout, au labour comme au brancard, accoutumée aux routes abruptes et cahoteuses, fut promptement attelée et nous partîmes bon train pour Audierne.

La journée était belle et la campagne, avec ses ajoncs, ses bruyères, ses terrains arides succédant aux floraisons grasses, se déroulait de chaque côté de la route à nos yeux ravis. C'était une de ces douces journées où l'on se dit qu'il est bon de vivre.

Nous avions bien des choses à nous conter, et cependant, comme par un accord tacite, nous nous taisions, vivant de la vie des yeux, absorbés l'un et l'autre dans un même contentement de contemplation et d'aspiration de l'air chargé d'effluves aromatiques.

Jacques, le premier, rompit le silence que troublait seulement le trot du cheval et les roues heurtant les pierres du chemin.

Nous commençons à être chez nous, me dit-il.

Il me montrait, dans le lointain, un coin de landes où il venait quelquefois chasser le renard, d'un côté la baie de Douarnenez, puis des étangs sur lesquels, tant que durait la dure saison, il allait faire des chasses à la sauvagine, puis encore des taillis où l'on était certain en saison de tuer trois ou quatre bécasses, le coteau aux lièvres, etc.

D'ordinaire, une route que l'on fait pour la première fois vous paraît d'une longueur sans fin, tant l'esprit aiguillonné par l'inconnu est impatient d'atteindre le but du voyage. Il n'en fut pas ainsi pour moi ; cette trouée à travers les fleurs jaunes des genêts, les améthystes des bruyères et les vieux ors déjà ternis des chênes, des maronniers et des figuiers, fut comme une envolée.

Très vite donc, me sembla-t-il, nous arrivâmes en vue de Ker-Alec. Le cheval, qui n'avait pas les mêmes raisons que moi de trouver que le temps passait vite, enfila rapidement une grande avenue de châtaigniers, descendit un petit chemin tournant entre deux énormes haies et s'arrêta net en face d'une vieille grille un peu rouillée, mais en bon état de solidité.

Nous étions arrivés! le jour tombait.

Au bruit de la voiture, une servante haute en couleurs, accompagnée d'un jeune gars en sabots, d'une quinzaine d'années environ, vint ouvrir la grille.

— Voici le personnel du seigneur de Ker-Alec! exclama Jacques gaiement, car il faut que tu saches qu'ici on ne m'appelle jamais que M. de Ker-Alec. C'est un titre qu'on n'achète pas, mais qu'on acquiert avec le droit de location pendant toute la durée du bail. Il n'y a pas de droits de chancellerie à payer et l'on se trouve immédiatement accrédité dès qu'on prend possession de ces chaumières entourées d'un petit parc : celle-ci est même désignée sous le nom de manoir à cause de cette petite tourelle en poivrière qui la flanque sur la droite. Demain, je te montrerai l'inscription qu'en ma qualité de châtelain, j'ai fait graver sur les deux pilastres de la grille et que tu n'as pu distinguer.

Au moment où nous descendions de voiture en face des quatre marches servant de perron, un vacarme d'aboiements dénonça incontinent la demeure d'un chasseur. En même temps accouraient joyeusement au-devant du maître une belle griffonne et un épagneul français. Après quelques caresses accordées à ces deux familiers, qu'il me présenta en bonne et due forme, Jacques mit, en sifflant d'une certaine manière, un terme à cette bruyante manifestation. Il donna ensuite des ordres pour que le cheval, qui devait passer la nuit au manoir, fût reconduit le lendemain matin à la première heure, à son propriétaire.

Quelques minutes après, nous étions à table dans une salle à manger flamblant clair sous le crépitement d'un tronc d'orme brûlant sur deux hauts landiers en fer forgé, venant à hauteur d'homme, dans une de ces belles cheminées géantes que le génie moderne a remplacées par de petits poêles roulants et asphyxiants! La clarté blanche et rouge des braises donnait une apparence de gemmes énormes aux petits carreaux des fenêtres en verre cul de bouteille, miroitant gaiement dans leurs alvéoles de plomb.

Tout autour de la salle, des têtes de cerfs, de sangliers et de renards naturalisées.

V

Alors commença une causerie délicieuse, dans laquelle nous remuâmes tout le passé : hommes et choses; lui, heureux et calme comme un homme revenu de tout, définitivement entré dans la paix; moi, avec des attirances vers ce calme sollicitcur que j'entrevoyais si clairement, et après lequel j'avais tant de fois soupiré au milieu de la lutte ; néanmoins, je sentais la lourdeur des attaches me retenant encore. Peu à peu, cependant, j'oubliai que j'étais en rupture de ban pour m'emparadiser avec lui dans la jouissance de son rêve accompli.

— Je ne te dirai point, ajouta Jacques, que ce fut subitement et sans une bataille intérieure que je me décidai à rompre avec Paris et la vie littéraire. En dépit des écœurements de toute sorte qui ne nous manquent pas, à nous, les indépendants soucieux de marcher droit, j'eus à vaincre le vieux ferrement intérieur que le combat avait entretenu et développé, lequel nous rive d'ordinaire à la besogne dont nous devons mourir. Pendant un an, je représentai à s'y méprendre le fameux âne de Buridan entre ses deux bottes de foin. D'un côté, je me livrais avec ténacité à un travail acharné, espérant vaincre; de l'autre, aux heures du soir et dans la solitude, mon esprit vagabondait loin de ce pandemonium vers lequel j'étais venu si riche en espérances! Je parvins à faire insérer un article dans la *Revue select*, cette revue pour laquelle les benêts professent un saint respect, l'appelant la clef de toute renommée. Ma nouvelle passée, je me présentai à la caisse, où il me fut répondu qu'on ne payait pas le premier article! Je publiai donc vivement trois livres; je les portai aux journaux; mais ceux qui les dirigent ont parfois un profond mépris pour les lettres et n'ont pas, quelques-uns du moins, plus souci d'un livre que de leur conscience; c'est tout dire. Dans une feuille en vogue dans laquelle on met bout à bout les réclames envoyées en guise de bibliographie, tant l'homme qui préside à ce département, dit « Revue littéraire », a horreur d'un travail quelconque, on me refusa même l'insertion de la note de l'éditeur; je ne faisais pas partie de la bande.

Cependant, un de ces livres fut couronné par l'Académie française. Ce fut là ma véritable et pure joie, mais, en réalité, j'étais un vaincu! Que faire?

Autour de moi je voyais les nullités les plus avérées des illettrés à tous crins tenir le haut du pavé.

En politique : des déclassés de tout acabit, concussionnaires, tripoteurs, dirigeant le pays.

En littérature : des réputations de coterie gonflées de vent, établissant un cercle de fer autour de ce qui n'est pas eux ; la profession d'écrivain, la plus belle chez un peuple libre, déconsidérée par la vénalité.

En poésie : sept ou huit poétereaux se décernant entre eux des couronnes, excluant les autres, s'intitulant les millionnaires de la rime pour cacher le dénuement de leurs pensées. A propos de ces chapelles, hors desquelles rien n'existe, je me répétais le mot de Voltaire : « Je fais plus de cas d'un cordonnier que de tous ces écornifleurs du Parnasse ».

En art : des barbouilleurs menant grande vie, comblés d'honneurs, ainsi que les reporters, ces rois du jour, qu'un public niais appelle des journalistes.

Et au-dessus de tout cela, la France s'émiettant chaque jour dans son honneur et dans ses traditions, s'embourbant dans un lac de décomposition. *Infixi sunt in limo profundi, et non est substantia* (ils sont enfoncés dans une boue profonde où il n'y a pas de fermeté). Partout, le culte du veau d'or.

Le soir de la vie arrivait pour moi, et j'étais las! Tu connais mes vingt années dans la mêlée, mon labeur pendant ce temps; plus de vingt volumes, quelques succès, et au bout de cela, rien ! Le cerveau fatigué : la renommée, ce fantoche après lequel on court à vingt ans, accaparée par des faussaires signant des œuvres écrites par d'autres et dont ils ne payent pas toujours le prix convenu, et, en fin de compte, la misère pour mes vieux jours!

Tu comprendras ma lassitude, et qu'il était temps !

Pendant les huit derniers mois, j'ai vécu comme un reclus, ne voyant personne, pas même toi, mon cher camarade. Mais, bien souvent, nos causeries de noctambules, dans lesquelles nous nous communiquions nos rêves et nos aspirations, me revenaient à l'esprit. Je songeais à ces tableaux si attrayants que tu m'avais présentés de la vie au coin d'un bois ou au bord de la mer, dans une chaumine, loin des passions humaines.

Cette chaumine, je la voulus.

Désormais, ce fut une idée fixe.

A partir de ce moment, il se produisit un grand calme dans mon âme. Je sondai Paris avec une curiosité que jamais peut-être je n'avais eue aussi intense. C'était la ville de passage à laquelle j'allais dire adieu. Les hommes, pour lesquels j'avais le plus profond mépris, sachant tant de choses de leur vie abominable, je les étudiai curieusement, comme un spectateur indifférent assiste aux bousculades et aux émeutes d'une ville étrangère. Encore en cette occasion, je colligeai des notes intéressantes que je mettrai peut-être en ordre plus tard.

Renommées, réputations, tout cela, du jour au lendemain, ne fut plus rien pour moi; je savais à quoi m'en tenir.

Le tout était de décider l'endroit où je planterais ma tente.

Il y avait bien la Normandie où j'avais été élevé et que j'aime encore de tout mon cœur à cause de mes souvenirs d'enfance et des joies familiales d'autrefois. Mais la Normandie est un pays fait pour les riches et, pauvre comme je le suis, je ne puis viser si haut. En outre, de ce côté-là, ma vie était finie!

Je te dois ouvrir ici une parenthèse.

Quand, il y a quelques années, j'eus le malheur de perdre ma mère, une petite ferme, située dans la vallée d'Auge, où j'avais passé le meilleur temps de ma jeunesse, fut donnée, par préciput et hors part, à mon frère. Ce fut comme un effondrement pour moi.

J'avais toujours visé ce coin de terre afin de m'y retremper pendant les armistices de la bataille de la vie, sinon pour y finir. Je respectai la volonté dernière de ma bien-aimée mère qui, en cela, crut bien faire, pensant que son jeune fils, père de plusieurs enfants, la remplacerait morte comme chef de famille.

J'offris d'acheter un champ sur lequel je ferais bâtir une maison, laquelle retournerait à mes neveux après moi. Cette consolation me fut refusée. Je sortis de cet insuccès à jamais meurtri. Alors je compris que quelquefois l'homme meurt deux fois.

Tu vois bien, mon pauvre ami, que la Normandie n'était plus possible. Je songeai à un coin de la Manche, à Granville ou à Dielette; mais là aussi j'avais des souvenirs tristes. Enfin, je fis une excursion en Bretagne et j'ai choisi ce pays hospitalier où les mœurs honnêtes d'autrefois existent encore, pays assez éloigné pour m'isoler complètement et où la vie à bon marché me permet de végéter modestement sans importuner qui que ce soit.

Je trouvai à louer ce petit manoir et ses quelques dépendances pour la somme de cinq cents francs : tout autour de moi chasse de plaine, de bois, de marais et de mer. Juge si cette situation convenait à mon état d'esprit et à mes goûts. Ma décision fut prise sur-le-champ, j'avais trouvé la pierre où reposer ma tête.

De retour à Paris, je vendis ma bibliothèque, assez importante, comme tu le sais, ne me réservant qu'une centaine de volumes que tu verras demain. Ce prix, joint à celui de quelques objets d'art dont je me suis défait, m'a permis de m'installer, non point luxueusement, mais honnêtement. Et maintenant, je vis parfaitement avec un revenu de trois mille francs. Je ne te dirai pas que ma cave soit garnie des vins les plus fins; il s'y trouve néanmoins quelques bouteilles un peu plus relevées que le cidre, qui est une boisson de chaque jour. J'ai aussi une petite réserve de mousseux qui me fait facilement oublier le champagne. Quand aux truffes, elles sont inconnues ici. Comme compensation à ces petits revers bien faciles à supporter, je jouis d'une santé parfaite et j'esquive la goutte et son cortège d'ennuis. Parfois, je suis un peu serré à cause de mes déplacements et de petits achats de vin que je me permets de temps à autre en cas de visite plus que pour moi; alors, si les revenus se font un peu attendre, je boucle un cran à ma ceinture; les crêpes de blé noir remplacent le rôti, le bon air me réconforte, j'ai aussi la ressource du coup de fusil dans ma modeste garenne et au marais.

Point de regrets! Je n'envie rien et chaque jour me trouve de la même humeur. La providence ne m'a point abandonné, car j'ai trouvé ici deux bons amis qui sont aussi deux esprits distingués : le curé de Pont-Croix et le comte de Kerodern dont le manoir — un vrai celui-là — se trouve à un kilomètre d'ici. C'est lui qui m'a prêté un cheval pour aller te chercher. Tu feras leur connaissance et je suis certain qu'au lieu d'être trois nous serons quatre. Quant aux paysans, ils sont bons et hospitaliers; la première année, ils se sont montrés polis, mais réservés; aujourd'hui, je suis un des leurs; j'ai trouvé même parmi eux de grandes délicatesses de sentiments et une sensibilité peu commune. A mes politesses, ils répondent par des prévenances et me payent avec usure les quelques petits services que je puis leur rendre.

Mes jours coulent ainsi uniformes aux yeux des profanes, très variés cependant, et surtout très remplis par les incidents de chasse et de pêche qui partagent tout mon temps.

Chaque jour que Dieu fait, à part le dimanche, dont la matinée est consacrée à aller à la messe, et ceux pendant lesquels, suivant le dicton, on ne mettrait pas un chien dehors, je prends mon fusil ou mes filets, et je vais tuer un canard, un lièvre ou un lapin, ou pêcher un homard et jeter une ligne de fond.

Je n'ai plus ni rancœur ni amertume pour tout ce qui m'a fait saigner le cœur; je plains ceux que j'ai connus se consumant dans une fièvre vaine, s'atrophiant l'esprit dans une lutte aiguë faite de haines et de vilenies.

Le soir, les causeries au coin du feu, soit chez moi, soit chez le vénérable recteur ou au château, ou bien encore une suave et bonne lecture, voilà ma vie.

Et maintenant, ton vieil ami n'a plus rien à t'apprendre; il n'y a plus que la maison et la chambre que tu ne connaisses point; allons nous coucher, tu dois en avoir besoin. Demain, tu liras l'inscription que j'ai fait mettre à l'entrée de ma maison, et tu jugeras si elle est exacte.

Ce récit simple et sincère m'avait profondément ému.

— Tu as choisi la bonne voie, lui dis-je, mais pourquoi n'as-tu pas tenu à serrer la main de tes amis avant de partir?

— Des amis! je n'en avais qu'un : toi; mais, comme il est prudent de se méfier des retours du cœur, j'ai voulu que ce fût chose consommée avant de t'en parler. J'ai peut-être attendu trop longtemps; toutefois, je désirais avoir bien pris langue dans le pays, afin que tu ne fusses pas un étranger en venant chez moi. Enfin, il ne me manquait que toi, car je te confesserai que tes idées, si souvent exposées dans tes derniers livres, ont pesé sur ma détermination. Le repos est trouvé, je te le dois un peu.

— Depuis cinq ans tu n'es pas retourné à Paris?

— Si, une fois! J'ai tenu à revoir mon champ de manœuvres; j'y ai passé huit jours, j'ai même été au théâtre entendre une ineptie sur laquelle les critiques assermentés se sont extasiés dans les feuilles du lendemain. J'ai vu les ratés et les besogneux à l'heure de l'absinthe, encombrant les cafés, comme par le temps passé. Va! je n'ai aucun regret, et l'asphalte parisien ne m'a pas fait oublier l'étang de Huelgoët. Je n'avais plus d'aigreur, c'était de la commisération, et j'ai regagné ma bauge plus joyeux encore, te réservant une bonne surprise, n'est-ce pas?

De fait, je n'avais jamais vu un homme si parfaitement heureux, si pleinement revenu des mesquineries de la vie.

Il s'était encore affiné dans cette existence de sage.

La journée était complète. Jacques me conduisit à la chambre qui m'était destinée ; Marianne, la servante, nous précédait avec un flambeau. Ouvrant la porte, elle me fit voir un joli feu d'ajoncs secs et de pommes de pin illuminant le plafond et le lit.

— J'espère, dit-elle dans son langage familial, que notre Monsieur n'aura pas froid !

Bien que vaste, la chambre était chaude; un lit blanc, sentant le propre, m'attendait; aussi, réservant pour le lendemain l'inspection des choses environnantes, je m'endormis profondément, l'esprit hanté par les idées les plus roses.

VI

Située à mi-chemin d'une montée abrupte, la demeure de Jacques, laquelle dans le pays avait conservé le nom romantique de manoir, à cause, sans doute, de sa tourelle à clocheton en poivrière servant de colombier, et de son parc de trois hectares clos de murs et protégé par un fossé, faisait face à la mer. A droite, le village de Pont-Croix, à gauche, la baie de Douarnenez, Audierne et l'île de Sein.

Comme afin de me faire mieux apprécier cette trouvaille de mon ami et glorifier plus pleinement l'ermitage perdu à l'extrémité de l'Armorique, le lendemain, à mon réveil, sur les dix heures, un soleil radieux faisait flamber les vitres, éclairant jusqu'en leurs dessous les plus lointains les fondaisons multicolores de cette fin de saison. En Bretagne, l'automne attiédi se prolonge beaucoup plus longtemps qu'ailleurs, et l'on retrouve à la fin d'octobre de ces journées d'été que l'on dirait oubliées. Il en fut particulièrement ainsi cette année-là.

Au milieu de ce décor magistralement broyé par la nature, Jacques allait et venait, joyeux de vivre, donnant des ordres ou promenant sa flânerie dans ce poétique domaine, si bien fait pour le repos de l'âme.

Alors, je l'examinai attentivement. Il était vraiment rajeuni. Agé de cinquante-deux ans environ, il en accusait à peine quarante-deux, bien qu'il fût presque blanc. Très droit, souple et musculeux, bien pris dans son vêtement de peau de chamois, il portait haut la tête, offrant le type accompli d'un *gentleman-farmer*. Un bon sourire, celui des heureux jours, celui que je lui avais connu, remplaçait le pli amer que de féroces désillusions, se succédant coup sur coup, avaient imprimé à sa lèvre.

Il faisait bon voir un homme content se mouvant dans un pareil cadre.

Je me hâtai de m'habiller et de le rejoindre.

— Je t'ai laissé dormir tout ton saoûl, clama-t-il, mais demain et jours suivants tu ne feras pas le paresseux. Maintenant, mon hôte, visitons Ker-Alec et ses dépendances. Oh ! ce ne sera point long ! Ma chaumine ne ressemble pas à l'Escurial et, à l'encontre du roi d'Espagne, je vois aisément le soleil se coucher sur mes états.

Comme je regardais curieusement le ruban qui ornait la boutonnière de son veston,

— Il n'y a pas d'erreur possible, dit-il en souriant, voici la croix.

En effet, la croix du Christ était suspendue au ruban sanglant afin que nul n'en ignorât.

— Si je porte ce ruban, reprit Jacques, c'est que j'en suis fier et que je le tiens pour aussi honorable que celui de France. Pauvre croix des braves et des héros d'Austerlitz, instituée pour être le sigillum de l'honneur, combien de fois allez-vous à l'honneur? Je te le répète, ami, je suis fier de la croix du Christ et je ne le dissimule pas; elle ne quitte jamais mes habits de chasse. Au fond, c'est une petite faiblesse bien innocente, mais j'aime ce nom sacré qui la glorifie et la rend, pour un chrétien, un des ordres les plus enviables. Je la porte pour moi seul, car tu sens bien que sur cette pointe de terre sauvage la galerie n'influe en quoi que ce soit sur mes caprices. D'ailleurs, sache bien que, vivant absolument pour moi, mes caprices, tout humains qu'ils paraissent, n'ont jamais comme objectif la parade.

Quand je pense que l'été dernier j'ai rencontré, à Douarnenez, un critique d'art, en renom paraît-il, auprès des cancres et des ignorants de là-bas, décoré du ruban rouge. Or, ce critique influent, affligé d'un hôtel à Paris, qui veut passer pour connaisseur en bibelots, consulté par un des nôtres sur l'époque probable d'une petite lampe romaine en terre, déclara qu'elle était du temps de Sextus-Tarquin, le vainqueur de Gabies; et tout cela parce qu'au-dessous de ladite lampe était gravé le nom de « Sexti ». L'imbécile! il prenait le nom du potier fabricant pour le nom du fils de Tarquin le Superbe!

Avoue qu'on n'est pas plus bête. Et dire que beaucoup sont à ce niveau. On ferait un volume de leurs âneries.

De cette courte et véhémente catilinaire, s'exhalait un relent d'amertume contre le temps passé. Certainement et à juste titre, ce pauvre Jacques l'avait souhaitée cette croix; et, s'il l'eût obtenue, on eut pu dire que pour une fois l'honneur serait allé à l'honneur. Il y avait du vrai dans ce qu'il avait spontanément jeté à la brise, sous le souffle de laquelle s'abattaient les feuilles rouillées des marronniers. D'une dernière injustice il se souvenait. Mais ce ne fut qu'un éclair, et sa sérénité ne se démentit jamais plus.

On aurait même pu penser que ces réflexions jetées en confidence, étaient comme un trop-plein longtemps contenu qui, une bonne fois, avait besoin d'un exutoire. C'était le tout petit gravier que sa puissante nature n'avait peut-être point eu l'occasion d'extirper; cette fois, il l'était et il avait définitivement reconquis son calme communicatif qu'il conserva par la suite.

VII

Il me fit visiter en détail Ker-Alec, en commençant par ce qu'il appelait sa chaumière : maison blanche carrée à un étage, flanquée de sa tourelle en retour. Au rez-de-chaussée, la salle à manger dans laquelle nous avions dîné la veille, un petit salon; à gauche du vestibule à grands carreaux noirs et blancs, une vaste pièce servant de cabinet de travail à Jacques. C'était là que, le soir et les jours où il ne sortait point, il s'enfermait avec ses livres et ses souvenirs. Quelques chaises, un canapé et deux grands fauteuils. En face d'une large table en chêne, sa bibliothèque contenant à peine deux cents volumes, mais tous volumes de choix qu'il avait soustraits à sa vente, et à la lecture desquels il se virilisait de plus en plus. Parmi ces livres se trouvaient au premier rang : l'Imitation, une Bible, les Évangiles, un Nouveau-Testament en grec, la *Connaissance de Dieu et de soi-même*, par le père Gratry, de l'Oratoire, le *Discours sur l'Histoire universelle* et les *Oraisons funèbres* de Bossuet; l'*Homme*, d'Hello; quelques poètes latins, notamment Virgile et Horace; quelques volumes de Lamartine, Chateaubriand, Barbey-d'Aurévilly, les *Fables* du Bonhomme, deux ou trois romans de Dumas père, Corneille, Racine, un très beau volume des *Psaumes* de David; les *Odes et Psaumes* de Jean-Baptiste Rousseau, et enfin la *Somme*, de Saint-Thomas. Au-dessous de tout cela, quelques ouvrages cynégétiques.

Il me suivait curieusement dans mon investigation.

— Tu vois, me dit-il, que je ne t'ai pas oublié. N'as-tu pas été mon éducateur dans cette nouvelle vie de mon choix?

Et il me montra plusieurs de mes livres.

Ce qui m'intéressait beaucoup plus que quelques malheureux bouquins échoués si loin de Paris, grâce à l'amitié, c'était la composition de cette bibliothèque, laquelle éclairait d'une façon si vive la physionomie de mon ami. La réunion de ces livres d'élite n'était pas l'effet du hasard, ainsi qu'il en advient quelquefois. Elle était, au contraire, le résultat d'un choix ordonnancé par une volonté réfléchie. Il y avait dans cette sélection le reflet d'un esprit distingué, comme celui de Jacques : esprit élevé et religieux par cela même. C'étaient bien là les livres qu'il lui fallait dans sa solitude, lorsque n'étant pas aux prises avec la vie du dehors, il se trouvait face à face avec lui-même. N'y avait-il pas là le livre des livres : *l'Évangile*! et le plus beau livre sorti de la main des hommes : *l'Imitation*, ainsi que le rayonnement le plus brillant de l'esprit humain : les maîtres écrivains!

La bibliothèque que j'écrémais en prenant les titres des ouvrages les plus en vue me complétait la conversation de la veille et me dessinait nettement mon ancien camarade : le vaincu était bien décidément le victorieux!

Tout en haut, au-dessus de ce meuble renfermant l'élixir de vie, un beau Christ en buis, véritable objet d'art, dominait par sa majesté consolatrice le meilleur de l'homme.

Sur le panneau de gauche, fusils et ustensiles de chasse; au-dessous, une table pour la confection des cartouches : un coin de la vie journalière du dehors.

A la suite, dans le vestibule, se trouvaient la cuisine et l'office.

Un large escalier en chêne conduisait à l'étage. Ici encore un couloir : à droite, deux chambres, dont une grande, celle de Jacques; à gauche, trois autres chambres, dont la plus grande, donnant sur le jardin anglais, m'avait été réservée. De la dernière on

Il m'indiqua l'inscription mise sur les pilastres.

passait dans la tourelle, de laquelle un escalier étroit conduisait au parc. Le tout meublé simplement mais d'une propreté flamande.

Le domestique, un garçon de seize ans, servant de garde, de jardinier, de porte-carnier, de matelot au besoin, logeait dans la tourelle.

Ce petit manoir, noyé dans la verdure du côté du parc et faisant face à la mer de l'autre, distribué avec une sage entente de la commodité, était vraiment réjouissant. De sa chambre, Jacques dominait la baie d'Audierne et, dans les mauvais jours, l'embrun des vagues, cascadant de la pointe du raz, en face de l'île de Sein, lui arrivait, poussée par la rafale. Tout cela était grand, beau et d'une poésie charmeuse.

Comme il était bien là dans son élément de penseur et d'homme revenu du bafouillage de la vie mesquine!

Dans la cour, précédant le jardin anglais, plusieurs constructions basses formaient aile; c'est là que commençait la vie bruyante : à droite, les selliers et l'écurie; à gauche, une grande remise convertie en un poulailler-volière, grâce à une clôture treillagée où picoraient, dans une parfaite tranquillité avec des poules, un couple de faisans, des perdrix et des spécimens d'oiseaux blessés à la chasse, tels que goélands, pluviers, vanneaux. A côté, le chenil des chiens courants : deux beagles et deux bassets à jambes torses. Les deux chiens d'arrêt, en leur qualité de familiers, avaient un logement dans le bas de la tour; mais, libres le jour, ils suivaient le maître partout, s'installaient dans le cabinet de travail ou dans la salle à manger, comme des amis de toute heure, se grillant devant le feu, despotes ainsi que tous les gâtés. Toutes ces vies donnaient une animation extraordinaire à ce petit domaine. Le jardin, très grand, avec un vivier où Jacques jetait le superflu de sa pêche, était richement planté; mélèzes, épicéas, marronniers, coignassiers, sapins, rien n'y manquait. En fait de fleurs, il n'y avait guère qu'un beau massif de rosiers les plus variés, écussonnés par le possesseur, grand amateur de roses. Deux sorbiers avaient été plantés sur la pelouse à portée des croisées.

— Voici pour l'hiver, me fit remarquer mon ami. Par les temps de gelée et de neige, de ma fenêtre, sans sortir, avec ma carabine Flobert, j'ai ma petite brochette. Une matinée, j'en ai tué quatorze. Tu vois qu'ainsi, chaque jour et en toute saison, je puis chasser. Tu me diras que je me contente de peu; cependant, je m'amuse autant que si je tuais une dizaine de lapins en battue.

Au bout du grand jardin était le potager avec de nombreux arbres à fruits et une petite serre.

Planté de chênes, de sapins et d'aliziers, le parc de trois hectares était des plus pittoresques.

Au centre, une mare, garnie de roseaux et de plantes aquatiques, gardait toute l'année quelques poules d'eau; quant au bois, il fourmillait de lapins. Avec tout cela un grand enclos ou courtil.

On aurait pu difficilement s'imaginer qu'en un espace relativement aussi restreint il se trouvât tant de ressources. C'était véritablement une oasis faite en vue d'un chasseur.

Jacques avait mis à profit cette heureuse situation et en avait tiré un parti vraiment extraordinaire comme revenu et comme horticulteur.

Lorsque Jacques m'eut montré dans ses moindres détails cette délicieuse gentilhommière, radieux de constater mon enthousiasme pour ce qui réalisait complètement son rêve, il m'entraîna en dehors de la grille et m'indiqua l'inscription qu'il avait fait mettre sur les pilastres.

Sur l'un, on lisait ces mots : *Parva Domus* (petite maison); sur l'autre : *Magna Quies* (grand repos).

— Ai-je eu raison? me demanda-t-il.

— Tu n'as plus le droit de t'appeler un vaincu, car tu es le vainqueur de nous tous!

Ma réponse était absolument sincère et combien d'entre nous, à la veille du triomphe, en sondant l'inanité de la victoire, troqueraient cette fumée, toute dorée qu'elle soit, contre ce repos exempt d'amertumes dans lequel l'âme se rassérène en s'élevant et se purifie dans l'incessante contemplation de la nature.

Il ajouta :

— Mon éducation peut-être trop familiale, laquelle bien des fois m'avait permis de rebondir au milieu des hasards de la vie, a repris le dessus. C'est fini pour là-bas; mais, grâce à cette même éducation, je suis !

VIII

Je ne raconterai point par le menu toutes les chasses que je fis pendant mon séjour à Ker-Alec; ces relations pourraient à elles seules constituer un volume et conviendraient plus particulièrement à des lecteurs spéciaux : le souvenir m'en reste et elles trouveront place un jour dans une suite de récits cynégétiques. Pour l'heure, je ne tiens qu'à croquer la physionomie de *Parva domus* et de mon ami Jacques, laissant de côté tout ce qui aurait un caractère trop impersonnel.

Ce jour-là, nous inaugurâmes nos chasses en allant dans une prairie mouillante attenant à un marais, tirer des bécassines. Je pus me convaincre rapidement que mon ancien camarade était devenu, en cinq années, un véritable chasseur et un tireur habile. Dans cette chasse difficile de la demoiselle au long bec, il se montra praticien consommé, ne laissant rien au hasard, s'orientant avec un flair remarquable afin de s'assurer la plus grande chance de chasse. Au reste, il était merveilleusement secondé par sa griffonne Castille et par son épagneul français Stop, deux chiens de premier ordre, d'une docilité parfaite, deux chiens de haut nez et d'une prudence accomplie. C'était vraiment beau de les voir travailler chacun de leur côté, contournant le gibier éventé, comme s'ils se fussent rendu un compte exact que la pièce est plus facile à tuer lorsqu'elle se lève entre eux et le chasseur; demeurant, l'un comme l'autre, à l'arrêt quand le maître allait servir son compagnon et que celui-ci allait chercher la pièce culbutée. Stop avait été immédiatement attaché à ma personne. La connaissance fut vite faite, et après deux coups de feu heureux nous étions les meilleurs amis du monde.

Tout le temps de mon séjour à Ker-Alec, il ne me quitta point.

Castille, d'une nature plus altière et surtout plus personnelle, fort caressante lorsque nous étions à la maison, aurait cru, en chasse, faire une infidélité à son maître si elle eût chassé pour moi; elle m'en donna la preuve, lorsque, ayant tiré une bécassine à son arrêt, elle refusa net de l'apporter. Mon ami lui fit de graves remontrances sur son manque de civilité; mais elle, la tête basse, le regardant de son grand œil brun si doux et un peu triste, semblait lui dire: « Je ne travaille que pour toi ». Il vit bien qu'il n'y avait pas à insister. Stop, pendant ce temps, alla chercher l'oiseau et me le rapporta, tournant le dos à sa compagne un peu humiliée. Quant à lui, il avait absolument l'air de hausser les épaules, regardant sans doute dans son for intérieur comme une mesquinerie, indigne de son caractère à lui, la conduite de Castille.

Nous nous divertissions de cet incident, lequel nous démontrait si clairement l'individualisme des animaux en tant qu'appréciation.

— L'espèce est une, me dit Jacques, mais le caractère est différent, comme chez nous; seulement, leurs caprices sont, en général, plus motivés que les nôtres. Ce sont là mes études de chaque jour depuis mon installation ici, et elles m'intéressent au plus haut point. Que de choses on apprend dans le commerce des bêtes! Il n'y en a qu'une seule que l'on n'apprend point avec elles, c'est le désenchantement!

Mes braves chiens, mon fusil et le grand air respiré à pleins poumons, voilà ma vie, et je souhaite maintenant qu'elle ne soit pas trop courte. A la grâce de Dieu! mais j'espère que là-haut il aura en pitié mes années de galères pour permettre à celles-ci de se prolonger jusqu'à ce que je ne puisse plus tirailler dans les marais, arpenter les landes, brousser à travers la forêt ou piquer une pointe en mer ou sur les étangs.

Le souhait de Jacques était sincère; car ces retours fréquents sur le passé ressemblaient à un cri laudatif pour le présent. Non, certes, il ne regrettait rien, et sa nature vibrante avait reconquis toute son élasticité et son enthousiasme dans cette nouvelle atmosphère, au milieu des paysages variés qu'elle comprenait à merveille.

Le lendemain, nous chassions le lièvre dans la lande avec des beagles; puis, suivant le temps, nous allions au bois ou dans les ajoncs, dans la baie d'Audierne, dans celle de Douarnenez, sur l'étang d'Huelgoët, à l'île de Sein et aux abords des grottes de Crozon pour y chasser les cormorans et les mouettes. Chaque jour, depuis l'aube jusqu'à la tombée de la nuit, il en était ainsi.

Depuis bien longtemps, hélas! je n'avais goûté si complètement la vie indépendante avec ses jouissances salubres. Paris était bien loin.

IX

Le soir, c'étaient de longues causeries devant les sarments flambant clair dans la cheminée : souvenirs de chasse passionnants échangés, car lui aussi avait été témoin de scènes étranges, et c'est en artiste qu'il peignait les tableaux de la nature saisis sur le vif; souvenirs autres aussi, philosophie sur les hommes et sur les choses.

Il les connaissait bien les hommes de son époque! Plus d'une fois je fus frappé de la perspicacité de ses jugements : il les dépeignait d'un trait à la Rivarol. Que de vivacité dans ses aperçus sur les choses. Rien de ce qui s'écrivait ne lui était étranger; indépendant, il jugeait de haut. Ah! les terribles et justes critiques. Tous ils passaient au laminoir de son esprit affiné, et ce qu'il en restait ne comptait pas pour beaucoup. Aux heures de réclusion forcée, il employait son temps à rédiger des notes sur chacun, et il a l'intention, m'a-t-il dit, de jeter toutes ces feuilles au vent dans quelques années.

Quel bruissement dans l'étang des grenouilles!

La conversation prenait soudain une allure plus élevée et alors il m'expliquait comment il comprenait la morale humaine, laquelle ne pouvait être indépendante de la morale chrétienne.

Le livre de Hello lui plaisait et Joseph de Maistre, l'autoritaire, le charmait; mais au-dessus de tout cela il plaçait l'Évangile, l'Imitation et les œuvres volumineuses de l'ange de l'école dont il citait le texte avec une sûreté dont eût été frappé d'étonnement un scolastique. Jacques s'était remis au grec et au latin, se livrant avec un véritable plaisir à l'étude de ces deux langues, desquelles émane la nôtre, et que, actuellement, les grands maîtres de l'Université battent en brèche.

Quant aux hommes politiques, il les mettait presque tous dans le même sac; il les avait en mépris au delà de tout ce qu'on peut dire.

Jamais Thiers, le libérateur du territoire, n'a été habillé de plus beau drap d'Elbeuf : et Girardin! c'était un des malfaiteurs qui avaient causé le plus de mal à la France.

Avec le recteur de Pont-Croix, il causait théologie et religion; avec le comte de Pontalec, il babillait politique. Tous les trois se trouvaient presque toujours être du même avis, à quelques nuances près; cependant, leurs discussions étaient toujours à un diapason qui eût pu faire croire à un conflit prochain. Il n'en était rien. Ces trois esprits étaient éminemment distingués, et je ne pouvais m'empêcher, en écoutant mon camarade, de penser que si nous eussions vécu en d'autres temps il eût pu être un homme considérable.

Et comme je le lui disais simplement devant ses amis, il me répondit :

— Bah ! mon cher, que veux-tu, le temps est à la boutique à treize sous ! Treize sous vos littérateurs ! Treize sous vos romanciers ! Treize sous vos poétereaux ! Treize sous ! treize sous ! c'est la boutique à treize : chalands, en voulez-vous ?

Sa belle humeur n'était jamais en retard.

Les jours passaient rapides comme les jours heureux et j'arrivais au terme fixé pour quitter cette retraite délicieuse où, moi aussi, j'avais entrevu le rêve ; et à mesure que j'approchais du terme, je m'attachais davantage à ce coin de terre hospitalière, aux arbres du parc, aux douves, aux ajoncs, aux mielles de la côte, à tout enfin ce qui matérialisait d'une façon vivante l'idéal de Jacques.

Voyageur à la veille de laisser un pays que peut-être je ne reverrai point, je cherchais à graver dans ma mémoire chaque coin de paysage : l'aspect de ces roseaux couleur de rouille, que les chiens fouettaient de leur queue afin de pénétrer dans le fort de la sauvagine, les accidents de terrain, la couleur de la mer frappant les rochers, les saules noirs et rabougris au bord de l'eau et sur les étangs, le vol langoureux des oiseaux de mer et leurs piaulements doux. Au-dessus de toutes ces choses, des effets de lumière à ravir un peintre-poète.

A l'activité du corps toujours en mouvement s'alliait insensiblement une attitude contemplative. Je me surpris plusieurs fois le fusil sur le dos, fouillant du regard cette nature si vibrante en ses harmonieuses tonalités, à oublier momentanément que Stop me réclamait.

Jacques, qui m'observait, de me dire :

— C'est le pays qui est cause de cela ; dans les premiers temps et aussi à certaines heures maintenant, je sens mon âme dolente.

C'est le pays et la mer qui le veulent, et celle-ci, une fois qu'elle nous a pris, ne nous lâche pas ; tu n'es encore qu'à la Vesprée, tu verras les mois noirs !

Le lendemain, on put constater l'arrivée de ces mois noirs. Tout était changé : les horizons s'effaçaient ; une froidure pénétrante avait succédé aux tiédeurs des jours précédents ; bientôt une brume épaisse envahit tout. On était à la veille de la Toussaint ; cette année-là, on fut en plein hiver au jour des âmes et la pointe de Bretagne revêtit son caractère général de tristesse désolée.

Jamais peut-être je n'ai compris aussi profondément la grandeur consolante de ces deux nobles fêtes, placées à l'orée de la saison dure et froide aux pauvres, que sur cette pointe de terre confinant à l'océan. Pendant ces deux jours, il ne fut pas question de chasse ; nous les passâmes en partie dans la petite église de Pont-Croix, élevant nos âmes par delà les espaces, priant pour ceux qui nous ont précédé dans le repos.

Jacques aimait tout particulièrement ces deux fêtes et il tenait cette prédilection touchante de sa mère, laquelle lui avait souvent dit que ces solennités religieuses la pénétraient entre toutes parce que le jour consacré aux saints elle songeait à ses parents, qu'elle reverrait glorieux ; le jour des Morts, elle s'unissait à l'église pour qu'il fût fait miséricorde aux âmes expectantes après les clartés éternelles.

Au milieu des brumes enveloppant de leur suaire glacé la terre endormie, le bruit monotone de la cloche de l'église au timbre clair, tintant son glas funèbre de quart d'heure en quart d'heure, berçait l'ouïe dans une de ces mélancolies salutaires que le temps ne fait point oublier.

Ces deux journées furent toutes de recueillement au cours de notre vie de coureurs de grèves, d'ajoncs et de bois. Malgré mon intention arrêtée de partir après ces fêtes du cœur, je dus céder aux instances de Jacques et prolonger mon séjour. Nous devions encore revoir la forêt, arpenter les mielles et courir après les goélands; n'y avait-il pas aussi la bécasse dont c'était le plein moment, la lune comme l'on dit; une bande de sangliers à servir, des canards en haute mer? Que sais-je! Il y en avait pour des mois et des mois... jusqu'à la fin de la vie!

Je fus facilement séduit. Du reste, étonné moi-même et pensif, je me surprenais à rêver vaguement que peut-être là, moi aussi, je ferais la halte dernière.

On s'exagère singulièrement l'isolement qui, selon plusieurs, caractérise la vie dans un coin perdu au bord des champs en face de la mer. La nature parle assez d'elle-même sur les modes les plus divers pour que ses mille voix harmonieuses et sereines fassent oublier les verbiages menteurs auxquels on fut accoutumé. Plus qu'on ne le pense, en ces solitudes redoutées, la vie est exubérante : les animaux sont plus près de vous, le mutisme des hommes nés là et qui y sont demeurés se détend à ses heures et anime autant qu'il est nécessaire cet isolement. Il n'y a guère que les âmes sans vigueur et les cœurs veules auxquels le tohu-bohu des grandes ruches humaines soit nécessaire. Les esprits bien trempés ont seuls assez de ressorts pour s'accomoder de ce calme troublant des champs.

Tel était Jacques.

Celui que j'avais connu quelqu'un parmi nous devenait de jour en jour plus grand au milieu de cet isolement et, à part ce reste d'amertume, dont j'ai rappelé l'explosion, il était d'une gaité communicative. Son influence se faisait sentir et je la subissais entièrement.

Nous recommençâmes, avec une joie indicible, notre vie de plein air des deux semaines précédentes si vertigineusement écoulées.

X

Il n'est jamais bon de trop s'attarder dans le bonheur, car les heures de joies nous sont comptées et la fête est souvent la vigile du deuil. Quelquefois il est sage de couper au court avant que le coup de minuit sonne à l'horloge de Cendrillon.

Deux événements vinrent presque coup sur coup attrister cette félicité véritable que nous goûtions l'un et l'autre dans toute sa plénitude.

Sans m'en avoir informé, il avait, par l'entremise de son voisin M. de Pontalec, organisé pour moi une chasse au sanglier dans la forêt de Cranoux, très vive en bêtes noires cette année-là. La forêt, avec ses halliers très fourrés, pourvue d'enceintes de moyenne grandeur et bien coupées, rendait la chasse à tir, avec une douzaine de chiens lents mais vigoureux et actifs, des plus attrayantes. Les compagnies attaquées se faisaient battre d'enceintes en enceintes, se réfugiant dans des couverts inextricables où quelquefois les grands faisaient tête, tandis que les bêtes moyennes vidaient le fort, traversant les chemins où étaient postés des tireurs. On pouvait d'aventure servir au ferme et la plupart du temps tirer à découvert au passage.

Le propriétaire de cette partie de forêt où nous devions chasser était un tueur de premier ordre, lequel, malgré ses soixante-quinze ans, logeait à trente pas une balle dans l'œil ou dans l'écoute d'un grand sanglier avec une précision extraordinaire. Veneur et chasseur hors ligne, il vivait pour ainsi dire dans sa forêt dont il connaissait toutes les ressources ; aussi étions-nous certains de ne pas faire buisson creux. A cette occasion, il avait convié quelques amis : nous étions douze en tout.

Cette chasse un peu hâtive, car à cette époque de l'année, surtout en Bretagne, la feuille encore abondante rend le tir difficile, débuta sous les meilleurs auspices. Le piqueur avait rembûché un grand sanglier et une compagnie avec la laie ; la journée promettait.

A la première attaque, Jacques tua un ragot et j'eus la joie d'atteindre une bête de compagnie. Comme l'on sait, un sanglier en compagnie blessé d'un coup de feu, se sépare souvent de la bande ; c'est ce qui arriva. Un chasseur, sur la route d'en bas, avait pu compter six têtes noires. J'en avais compté sept, il était donc évi-

dent que mon coup de fusil avait porté. Le piqueur arriva avec les chiens et les mit sur la voie qu'ils empaumèrent en musiquant de la plus agréable façon du monde. Nous nous enfonçâmes sous bois et nous ne tardâmes pas à découvrir du rouge aux ronciers. La bête était touchée et bien touchée. Plus nous avancions, plus elle faisait sang, mais ces animaux portent loin un coup mortel. Celui-là se fit chasser une demi-heure. Enfin, j'aperçois de larges taches de pourpre à terre et presque en même temps, dans un roncier, l'animal arrêté. Je lui dépêche une balle et je le roule à terre. J'avais tué mon sanglier.

On sonna l'hallali pour rassembler les chasseurs dispersés par cet incident terminé à ma plus grande satisfaction. Après avoir laissé souffler les chiens, nous suivîmes le maître d'équipage enchanté de notre succès, et qui brûlait de faire attaquer le vieux sanglier signalé.

Sur l'ordre de notre hôte, nous nous portons aux places assignées à chacun autour de l'enceinte, l'oreille au guet, l'œil fixé sur le bois, dans le silence le plus profond.

Le piqueur examine les chiens et fait fouiller le taillis. Au bout d'un quart-d'heure nous entendons sonner le lancer et presque aussitôt la meute mène un vacarme infernal. L'animal était debout. Anxieux, chacun de nous, l'arme à l'épaule, le doigt sur la détente, surveille le bois et la route, retenant, autant qu'il le peut, sa respiration. Un coup de fusil répercuté par les échos retentit. Puis, plus rien. Sans doute, la bête a été manquée. Cependant, les chiens dévalent dans la direction du coup de feu, faisant résonner l'air de leurs voix sonores. Ils suivent les traces. Tout à coup ils se taisent.

Rivés à nos places, nous attendons. Quelques minutes s'écoulent : rien.

A coup sûr, le sanglier n'était pas au ferme, car la meute eût redoublé de vacarme. Le piqueur arrive broussant à travers les ronces.

— Qui a tiré ?

Personne ne répond ; en chasse la consigne est de se taire. Cependant comme plus rien ne passe, que l'enceinte paraît vidée, peu à peu les chasseurs abandonnent leurs places respectives et se rapprochent ; celui placé à l'extrémité remonte le chemin relevant le voisin et ainsi de suite ils arrivent jusqu'à moi.

Soudain un cri terrible nous fait tressaillir.

Le cri part d'en bas du layon gardé d'un côté par Jacques et de l'autre par le maître d'équipage.

Qu'est-il arrivé ?

Nous nous précipitons vers l'endroit d'où est sortie la voix.

En haut du layon, le piqueur baissé dérobe à notre vue un corps étendu. Il y a un malheur.

Jacques, arrivé le premier, s'écrie douloureusement : « Ah mes amis ! »

Il s'efface et nous apercevons, le corps renversé en arrière sur un buisson et tenant encore en main la poignée de son fusil, notre hôte foudroyé !

Un seul coup de feu a été tiré.

Aucune blessure : la figure, exsangue déjà et pâlissant de minute en minute, était exempte de contractions.

Le malheureux, dont la mort si imprévue jetait la consternation parmi nous, changeant nos joies en larmes et qui allait si profondément retentir dans le cœur des habitants de la contrée où il continuait les traditions d'une famille honorée depuis tant de générations, avait succombé à la rupture de vaisseau cardiaque en tirant son dernier sanglier.

Pendant que nous nous occupions à confectionner un brancard pour le transporter au logis, le piqueur, parti pour rallier les chiens, nous annonça que le sanglier était mort à soixante pas de là.

Le vaillant chasseur avait succombé sur la brèche au champ d'honneur sans défaillance.

Il avait, en tireur émérite, logé sa dernière balle derrière les écoutes du solitaire.

Le veneur partait de ce monde en triomphateur comme il avait vécu.

Notre départ du château, quelques heures après ce funeste événement, s'effectua triste et lugubre. Nous devions y revenir pour les funérailles. La route parcourue si gaiement le matin se poursuivit presque silencieusement.

C'était la suite des impressions du jour des morts.

De temps en temps ce silence était rompu par une exclamation de Jacques.

— Ce que c'est que de nous ! Une artère rompue et c'est tout.

Et comme l'idée religieuse s'était fortement implantée dans son âme, il ajouta :

— J'aurais souhaité que ce pauvre ami finît dans son lit avec quelques heures devant lui afin de se reconnaître ; car on a beau être homme de bien comme il l'était, on est aise de faire sa paix avant de mourir. Je ne connais rien d'aussi désolant qu'une mort subite quoiqu'en disent d'aucuns qui ne songent qu'à la douleur. Dieu me préserve de ce malheur que je regarde comme le plus épouvantable qui soit !

Car il a été écrit : « Elle viendra comme un voleur et personne n'en connaît l'heure ». Nous sommes si fragiles dans notre nature que cette idée est horrible.

Jacques retomba soudain dans un silence songeur.

Puis tout à coup :

— *Hodié tibi, cras mihi.* (Aujourd'hui, c'est ton tour, demain ce sera le mien.)

Le sentiment de la mort est d'une gravité beaucoup plus intense aux champs qu'à la ville. Par le fait de l'isolement, le vide qu'elle fait demeure plus large et le trou béant qu'elle a creusé vous sollicite davantage. Dans les villes, et à Paris en particulier, la vie brûlante reprend son cours plus vite et vous absorbe complètement, non que le souvenir disparaisse, mais on est moins seul avec ce souvenir lequel se fond avec les distractions extérieures. Aux champs, au village, au contraire, tout concourt à ramener la pensée vers le déchirement inéluctable.

Ce jour, notre rentrée à Ker-Alec fut loin de ressembler à nos retours quotidiens. Nous éprouvions la sensation causée par un brouillard glacial qui vous enveloppe et vous perce jusqu'aux os. Il en fut ainsi pendant les jours suivants.

— J'aurais dû te laisser partir, me disait Jacques, je t'ai retenu par égoïsme et cet événement imprévu gâte les derniers jours que tu me consacres.

J'étais véritablement affligé, ce drame m'avait profondément impressionné ; mais comme il avait été dans ma destinée d'en être le témoin, je remerciai Dieu que nos deux amitiés se fussent trouvées réunies dans cette triste circonstance.

Après les funérailles, Jacques ne voulut à aucun prix que je l'abandonnasse sur ce deuil, il désirait qu'une diversion changeât le cours de nos pensées ; et comme il connaissait à fond les récréations diverses que réservent toutes les parties de ce pays varié à l'infini, il tourna son regard vers la mer. Celle-ci pouvait, avec ses émotions fortes, nous reconquérir à d'autres pensées. De fait, l'ensorceleuse devait, elle aussi, donner sa note personnelle et indélébile dans ce voyage allègrement entrepris et dont le souvenir demeurera si profond.

XI

En face de la pointe appelée Bec-du-raz se dresse un plateau rocailleux habité par de pauvres pêcheurs lesquels, généralement, y naissent, y vivent et y meurent, affrontant presque chaque jour les périls les plus grands pour gagner leur vie. Autrefois, séjour des prêtres druides, lesquels, afin de rendre leur autorité plus imposante, aimaient à s'isoler dans les forêts ou sur des rochers, cette île, appelée aujourd'hui île de Sein ou île des Vieillards, est située à huit kilomètres de la terre ferme au milieu d'un labyrinthe de passes dangereuses et d'effroyables écueils. Cette situation la désigne à l'attention des chasseurs. Elle est, avec les grottes du Crozon, le rendez-vous des oiseaux aquatiques de toute espèce : goélands, cormorans, pics de mer, macareux, hirondelles de mer, etc. Son isolement absolu pendant les grosses tempêtes, qui lui interdit, quelquefois durant plusieurs jours, toute communication avec la terre, en fait, avec les susdites grottes, le point de mire des amateurs aventureux du coup de feu.

Jacques et moi nous nous embarquâmes un matin à Audierne, avec provisions pour trois jours, dans une barque de pêcheur conduite par un vrai marin, né lui-même dans l'île, et que son mariage avec une fille de Camaret avait fait s'établir sur la côte de Léon. Les pointes avancées des côtes n'étaient point encore ensevelies sous la brume qui, avec les pluies automnales de ces pays d'embruns, font, des derniers mois de l'année, des mois noirs. La mer était calme, point bleue comme dans les jours d'été, mais de ce bleu de plomb tournant au vert foncé, lorsque des nuages ouatés de blanc glissent doucement dans le ciel clair. Une jolie brise du sud-est agitait les grelins ballant contre le mât. Au large, les mouettes, dans leur vol capricieux, trempaient le bout de leurs grandes ailes dans l'eau en poussant des cris joyeux.

Ce spectacle captivant nous avait reconquis aux tristesses des jours passés; le brouillard, enveloppant nos âmes, s'était dissipé : la vie indépendante nous reprenait.

Nous louvoyâmes longtemps, tirant des bordées de droite et de gauche, chassant les goélands, les macareux et quelques grèbes qui commençaient à arriver. C'était comme une entrée de jeu avant nos chasses aux cormorans et aux macreuses au delà de l'île, but principal de notre déplacement. Nous abordâmes Sein vers les deux heures.

Le reste de notre journée se passa à parcourir l'île, si curieusement juchée sur des écueils innombrables, rongée par la mer et dont la pauvreté la ferait supposer si distante de toute terre habitée.

On se croirait dans un coin perdu de l'Océan; le vent y gémit continuellement; au jour baissant son aspect désolé s'accentue. Tout autour, les récifs semblables à des écroulements du plateau, se frangent d'écume en donnant à sa base une couronne de neige éternelle.

Pendant la nuit, le vent sauta brusquement à l'ouest, et, au jour, nous vîmes la mer, légèrement houleuse, se couvrir d'embruns; mais on voit de si rudes tempêtes dans ces parages, que notre matelot ne manifesta aucune surprise lorsque Jacques lui dit d'arrimer son bateau pour nous conduire dans une passe, à l'ouest de l'île. Jacques était un intrépide au pied marin. Cependant, sur le quai, adossé au phare d'Ar-men, un vieux pêcheur, plongeant ses yeux gris dans le gris de l'horizon, hochait la tête.

— Camarades, il faudrait voir à ne pas trop s'attarder, cria-t-il, il y a là-bas, au large, par le travers de Brezellec, une barque venant du cap de la Chèvre, qui ferait bien de veiller au grain.

En effet, la mer, en s'assombrissant sous l'ébranlement de ses bas-fonds, blanchissait de plus en plus à la crête de ses vagues. Celles-ci s'avançaient en chevauchées de plus en plus pressées; en certains moments, les falaises de la côte, aux tons d'ocre, disparaissaient derrière le brouillard des nuages chargés.

Tout cela était menaçant mais point immédiat, peut-être.

Cependant, l'avis du vieux loup de mer, dont la peau était desséchée par le sel des embruns de soixante et dix hivers, donna à songer à notre pilote. Son regard aiguisé sonda la mer.

— L'ancien a raison, monsieur Jacques, m'est avis que nous serions quasiment mieux dedans que dehors; pour sûr, ce n'est pas là une ventée ordinaire!

Il avait raison, à quoi bon tenter l'aventure pour une partie de plaisir qu'on pouvait remettre au lendemain. Nous remontâmes à terre.

De leur côté, les pêcheurs redoublaient les amarres des barques, dont les corps usés commençaient à craquer. Autour de l'île, les mouettes tourbillonnaient, effleurant les mâts des plates, dont les carcasses s'agitaient semblables à des feuilles de tremble. Les petrels, que les marins appellent des oiseaux de malheur, surgissaient soudain des flots noirs, sans que l'on pût s'expliquer d'où ils venaient, et rasaient la pointe des flots en poussant des cris aigus. Ce petit oiseau, à l'œil méchant, à l'aile rapide, qui se dissimule pendant le calme et n'apparaît qu'au moment de la tourmente, surveillant les navires en détresse, est, à juste titre, dénommé l'oiseau des Tempêtes ou Satanite, et sa présence subite est un sérieux avertissement pour les gens de mer. A mesure que le danger augmente, il semble se multiplier, et les quelques individus aperçus deviennent bientôt des bandes.

Ils surgissaient de partout.

La mer devenait couleur d'encre, les vagues grandissaient, projetant au loin leurs nappes d'écume; le vent hurlait. Instantanément, une tempête formidable s'était déchaînée.

La chasse était loin!

Des matelots groupés au pied de la vigie concentraient leurs regards sur le petit bateau aperçu dans la ligne du cap de la Chèvre, que l'on distinguait de temps en temps dans une trouée à travers le brouillard.

D'énormes vagues s'écroulaient avec fracas sur le rocher de l'île et leur mugissement remplissait l'air.

La barque se rapprochait : on la voyait plus nettement pendant les échappées de lumière. La longue-vue du sémaphore passait de main en main.

— Il y a des femmes à bord, on distingue leurs coiffes blanches.

Ces brides de bonnets relevées sur la tête faisaient l'effet d'ailes de mouettes, prêtes à s'envoler.

— Eh! sainte Anne! c'est la noce à Jannick qui vient à Sein pour assister au service des pauvres défunts.

Nous louvoyâmes longtemps, chassant les goélands...

Une touchante coutume du pays bas-breton est de faire célébrer, le lendemain du mariage, un service pour le repos des âmes de ceux que l'on a perdus. La famille de Jannick se rendait à l'île, dont le marié était originaire.

Par cet affeux temps, la coquille de noix luttait en vain contre les flots.

Bientôt, toute la population de Sein, rassemblée autour du phare, suivit anxieuse, les évolutions de ces malheureux, qu'à chaque minute l'abîme semblait devoir engloutir. Consternés et impuissants, nous assistions à ce drame au milieu des vagues.

— Le courant les drosse sur les brisants, constata celui qui avait signalé la tempête. Sainte Vierge, ils sont perdus! Ils vont donner sur Tevennec.

Que faire? Il n'y avait point de bateau de sauvetage, et la mer démontée ne permettait pas de sortir une de ces frêles embarcations amarrées. C'eut été risquer la vie d'autres hommes sans parvenir à sauver les naufragés. Les femmes se mirent à genoux et invoquèrent Notre-Dame d'Auray. Le recteur, un vieillard, accouru, lui aussi, au bruit de la tempête pour compter si les marins étaient tous rentrés du large, fit une prière.

Tout à coup, la barque émergea du gouffre dans lequel elle avait failli sombrer et parut plus près de nous : nous la distinguions mieux; elle s'engageait dans la passe des rochers à fleur d'eau, désemparée, à la merci des vagues.

— Une barque à la mer! commanda le recteur; nous ne pouvons pas laisser périr ainsi nos frères.

Tout ce peuple de héros, accoutumé à obéir à ce vieillard vénérable, ne bougea point. La tête enfoncée dans leurs bonnets de laine leur descendant jusque sur les paupières, ces hommes de bronze restaient silencieux.

— Mes bons amis, implora de nouveau le curé, faites votre devoir de chrétiens et d'hommes charitables.

— C'est aller à une mort certaine, répondit l'un d'eux, pas une de nos coquilles n'est capable d'affronter une mer pareille. C'est s'obstiner pour rien.

Les femmes ajoutèrent :

— Monsieur le Recteur, la mer nous les prendra tous l'un après l'autre.

D'autres phrases entrecoupées volaient dans la tourmente.

Le regard angoissé du prêtre errait du point sombre où ces malheureux se débattaient contre la mort à ceux rangés autour de lui. Toute son âme passait dans ce regard désespéré. Il ne réfléchissait pas qu'il demandait à ces hommes de courir volontairement à une mort inutile ; il ne voyait que ceux présentement en danger.

— Mais, il n'y a pas une minute à perdre, continua-t-il, en se tordant les bras de désespoir.

Etendant la main dans la direction du canot, il esquissa une bénédiction *in articulo mortis* (à l'article de la mort) puis, descendant du sémaphore, il courut à l'église, revêtit un surplis et descendit dans une barque pour aller seul au secours des naufragés. S'il ne pouvait les sauver, au moins il s'approcherait d'eux et leur donnerait l'absolution. Ils verraient le pasteur au moment suprême, ce serait une consolation.

— Bon Dieu ! notre recteur ! S'il y va, il ne sera pas dit que nous le laisserons partir seul. C'est la mort ! mais à la grâce de Dieu.

Disant cela, un matelot embrassa sa vieille mère, se signa, et dévala vers la barque dont le curé détachait l'amarre. Un autre l'avait suivi sans mot dire : c'était Jacques.

Cela s'était fait rapidement et simplement. Le matelot et Jacques se mirent sur les avirons tandis que le prêtre, grandi encore dans son surplis blanc, la tête découverte, prenait la barre, les regards tournés vers les rochers de Tevennec. A sa sortie, la pauvre embarcation faillit être brisée par un paquet de mer. Les trois hommes ruisselaient d'eau, les avirons battaient dans le vide au milieu des lames gigantesques, le bateau disparut. Plus rien. Ce fut un cri d'épouvante sur le rocher que nous occupions. Hommes et femmes tombèrent à genoux pour prier. Enfin, après deux minutes qui parurent un siècle, on aperçut à l'avant le prêtre dont le surplis blanc tranchait sur le noir de l'abîme.

Les sauveteurs se rapprochèrent des naufragés dont les appels se mêlent aux bruits de la tempête; les poitrines angoissées retiennent leur respiration; pendant que les lames déferlent contre les rochers, retombant sur eux en cascades fumantes, les yeux dilatés par la frayeur sont fixés sur le point noir. Encore quelques brasses, nous semble-t-il, et les sauveteurs arriveront. Hélas! il y a encore loin.

Soudain, un cri épouvantable monte dans l'espace, dominant le bruit terrible de ce chaos, dans lequel tout paraît devoir sombrer.

Dans une éclaircie de ces vagues qui se heurtent, on voit chavirer le canot auquel on portait secours; des grappes d'hommes sont accrochées à la quille; en même temps, sur l'autre barque, on distingue le recteur, debout, les bras étendus vers les infortunés, leur donnant l'absolution dernière.

S'ils n'ont pu être sauvés, ils ont pu voir au dernier moment le prêtre consolateur, et sa présence à empêché le cri de révolte des désespérés.

Peu à peu, les malheureux, épuisés par la lutte, lâchent l'appui et glissent un à un dans le gouffre, lequel se referme pour jamais sur eux, les enveloppant dans son suaire d'écume blanche.

Tout est fini.

L'acte de courage a été inutile; la gueuse, leur grande passion, l'unique passion qui leur suce le sang tant qu'ils en vivent, a été implacable.

Ceux qui restent, reviendront-ils?

Une indicible angoisse m'étreignait le cœur : ces trois hommes, ce vieillard auguste dans son sublime dévouement, Jacques, emporté par sa générosité, et ce brave pêcheur parti au-devant de la mort avec une simplicité antique, luttaient à présent pour sauver leur vie. Nous étions impuissants en face de cette lutte suprême, comme nous l'avions été en face de ces pauvres désespérés réclamant un secours.

Après des efforts inouïs, ils parvinrent à faire virer de bord leur bateau. Une vague monstrueuse les porta sur sa crête de quinze mètres en avant, les rapprochant de nous, mais presque au même instant, une lame les enveloppa dans sa volute, les dérobant à nos regards. Quand nous revîmes la barque, le recteur était seul, la lame avait emporté Jacques et le matelot; la chaloupe, elle-même, avait un bordage à moitié enlevé !

Eux aussi allaient mourir.

En partant, le matelot avait dit : courons à la mort et la mort ne s'était point fait attendre.

La barque s'emplissait d'eau et n'était plus qu'une sorte d'épave indirigeable à la merci des courants.

Nous étions glacés d'épouvante.

La mer allait les prendre tous.

L'autre, c'était Jacques, nageant en désespéré vers l'île, s'aidant des vagues qui le portaient dans leurs bonds de panthère. Le prêtre, lui aussi, s'était jeté à la mer, mais ses longs vêtements l'alourdissaient et sa tête seule émergeait de temps en temps. Jacques, l'ayant aperçu, fit un effort surhumain pour le rejoindre et le soutint quelque temps sur l'eau.

Alors, instantanément et sans qu'on se fût concerté, au risque d'accroître le nombre des victimes, trois barques, montées par les plus vigoureux pêcheurs, furent détachées du port et tentèrent de franchir l'espace qui les séparait des malheureux. Le remous et les vagues en prirent une par le travers et la brisèrent net. Les hommes purent regagner la terre. Les autres, glissant dans les sillons mouvants creusés par les lames, firent force de rames vers les deux naufragés.

Epuisés, ceux-ci n'avancaient plus. Enfin l'une d'elles put arriver à une encablure : les marins jetèrent une amarre. Jacques parvint à la saisir et la passa autour du corps du recteur ; rassemblant le reste de ses forces, aidé du grélin, il soutint son compagnon et, la barque s'approchant, il allait empoigner le bordage quand une nouvelle vague l'en sépara encore. Mais cette vague, en lui faisant lâcher prise, le jeta vers l'autre chaloupe dont il saisit l'étrave et il fut hissé à bord. Pendant ce temps les marins, occupant la première barque, avaient pu recueillir le prêtre évanoui.

Tout cela s'était passé comme dans un cauchemar.

Peu éloignés de l'île, les bateaux purent regagner le port avec leurs deux naufragés dont l'heure n'était pas venue.

XII

On n'oubliera de longtemps, à l'île de Sein, ce drame épouvantable, accompli en quelques heures, sous les yeux d'une population impuissante à porter secours à ces malheureux. Les plus anciens ne se rappelaient pas avoir vu une tempête aussi effroyable. Le bateau, parti du cap de la Chèvre, contenait neuf personnes ; ainsi le nombre des victimes, avec le pêcheur qui s'était dévoué spontanément pour accompagner le recteur, s'élevait à dix.

— Mon pauvre ami, me dit Jacques, j'ai cru un moment que c'était fini et que nous ne nous reverrions que là-haut. J'espère, maintenant, mourir dans mon lit ! Mon souhait le plus cher, dont je t'ai fait part ces temps derniers, me paraît avoir été exaucé.

Revenu à lui, pendant que la barque flagellée par les flots roulait d'abîme en abîme, renvoyée comme un volant par les montagnes d'eau, le curé de Sein fut porté par ces braves pêcheurs jusqu'au presbytère.

La population entière lui fit escorte et les hommes, le bonnet de laine à la main, suivirent ce cortège, lequel eût été triomphal, n'était le souvenir des pauvres morts que les vagues avaient engloutis.

Au péril de ses jours, il avait tenu, par sa présence consolatrice, à élever, à l'heure suprême, les pensées de ces humbles mais fervents croyants.

Le lendemain, debout et consolant les autres, il célébra un service solennel pour ceux qui n'étaient plus. Les habitants, depuis le plus jeune jusqu'au plus âgé, y assistaient. Au premier rang, on avait placé une pauvre vieille de quatre-vingt-cinq ans, la mère du matelot, mort en soldat, au champ d'honneur. Plus heureux que le soldat était-il, car il était tombé en faisant la charité, en cherchant à arracher à la mort son semblable au lieu de la donner. La bonne vieille n'avait presque plus de larmes dans ses pauvres yeux desséchés tant elle en avait versé en sa vie : son mari et un autre enfant avaient aussi été pris par la mer !

Après le service, le curé adressa, dans l'abondance de son cœur, quelques mots à ces braves gens simples jusque dans leurs héroïsmes journaliers.

S'appropriant les paroles du Sauveur sur la Croix, il leur dit, en leur montrant cette mère désormais sans soutiens : « Mes enfants, voici votre mère » ; puis, s'adressant à la vieille : « Ma brave femme, voici vos enfants ! que la volonté de Dieu soit bénie en toutes choses ».

Ces paroles trouvèrent un écho dans ces cœurs à la rude enveloppe ; deux jeunes gars vinrent la prendre par chacun un bras pour la reconduire à sa cabane.

On voit chavirer le canot auquel on portait secours

Dieu lui avait repris son dernier enfant, il lui rendait tous ces bras vaillants pour la nourrir.

Jacques et moi nous éprouvions une profonde admiration pour ces dévouements obscurs accomplis dans la simplicité du cœur.

Quelle leçon !

Il n'y avait là ni société coopérative, ni société de secours mutuels ressemblant, même de loin, à ces farces inventées par les philanthropes qui, non contents de s'affubler de ce mot, devenu horrible par l'hypocrisie qu'il cache, se taillent de petites sinécures sur le dos des misérables.

Là c'était le sentiment fraternel, l'explosion de la charité telle qu'elle a été prêchée par le Christ, charité efficace sans étiquette, la vraie!

Ces gens de mer, lors du naufrage, tout en faisant entendre leurs jurons d'habitude, lesquels sont bien plutôt des invocations que des blasphèmes « Bon saint Dieu », « Bonne sainte Notre-Dame », n'avaient eu aucun de ces mots de haine qu'ont d'ordinaire les créatures en rébellion contre la destinée. Parfois on les entendait s'écrier : « Mer de malheur! » mais cette mer de malheur les reconquérait bientôt car ils l'avaient dans le sang, ils en vivaient, ils en mouraient tous.

Vers le matin, la tempête s'était un peu calmée, mais on eut dit que c'était pour reprendre haleine, vu qu'elle recommença après, terrible comme la veille. Tout habitués qu'ils soient à des spectacles de ce genre, les habitants des campagnes de la côte de Léon s'étaient dérangés de leurs occupations et étaient venus de loin attirés par le fracas inaccoutumé. Ceux des ports, vivant de la pêche, étaient accourus pour surveiller les grèves, demandant au sable des nouvelles de ceux partis en mer. Celle-ci rend parfois les cadavres sur d'épais lits de goémons ou enguirlandés d'algues de toutes les couleurs, et les goélands, oiseaux de mort, les indiquent en agitant leurs grandes ailes, occupés qu'ils sont à fouiller, de leur bec pointu, les yeux éteints.

Goëlands, goëlands,
Rendez-nous nos maris et nos amants.

Le dévouement de Jacques n'était point passé inaperçu au milieu de la confusion et du malheur général; sans lui le pasteur ne fut sans doute jamais revenu. Il avait risqué sa vie pour porter secours à ses semblables; mais, comme il n'était pas des leurs, cette action, toute simple quand il s'agissait d'eux, acquérait une haute importance lorsqu'elle se passait en dehors de leur cercle. Ce qui, chez eux, était dans l'ordre, en dehors d'eux, devenait éclatant. Il lui fut fait fête comme le comportait la situation; le curé lui dit simplement qu'il paierait sa dette en prières de chaque jour; et lorsque deux jours après nous mîmes à la voile pour Audierne, il se mêla à ces braves gens, nous souhaitant bon retour, et nous suivit longtemps du regard sur cette mer calmée et presque câline après son accès de rage titanesque.

Notre embarcation piqua droit vers le port. Les mouettes, évoluant en cadence silencieuse sur les flots opprimés, passèrent impunément à portée, il ne nous prit pas fantaisie de les abattre. La chasse, pour cette année du moins, était close par ce drame épouvantable, dont l'impression funèbre, ineffaçable, nous remplissait l'âme.

Dans la baie d'Audierne les bateaux s'avançaient déjà pour recommencer le labeur journalier de la pêche. Comme nous étions la première barque touchant terre depuis l'ouragan, on était anxieux de savoir ce qui s'était passé car, de la côte, on avait suivi les premières phases du drame et la chaloupe en détresse. On désirait savoir et l'on sut!

Tout ce monde, parti joyeux du Cap de la Chèvre, était englouti et l'on ne fêterait point le retour!

A Ker-Alec, on n'était pas sans inquiétude sur notre sort: les deux amis de Jacques, le comte de Kerodern et le recteur de Pont-Croix, au courant de notre équipée, étaient venus plusieurs fois au manoir.

Lorsque notre voile eût été signalée, ils descendirent au port. Là, on dissipa leurs craintes. Les pêcheurs, aux yeux couleur de cette mer qu'ils fouillent perpétuellement jusqu'en ses profondeurs, savent reconnaître et analyser dans les lointains, la plus petite embarcation avec la même facilité qu'un chasseur reconnaît l'espèce d'un oiseau à la façon dont il meut ses ailes.

XIII

Triste retour encore cette fois. Que d'événements en peu de temps. Cependant, ainsi qu'il advient dans l'ordonnancement des choses terrestres, le calme des choses reprit peu à peu nos esprits. Nous passâmes nos derniers jours à Ker-Alec dans les causeries des premières heures de mon arrivée.

Énigme peut être à distance, Jacques m'était maintenant parfaitement connu. C'était plus que quelqu'un; c'était un sage revenu des idées folles et diverses qui émiettent l'homme des sociétés : l'honnête homme, convaincu de cette vérité, que c'est surtout dans l'absence de désirs que consiste le bonheur de la vie isolée des champs.

Je ne quittai point sans une certaine tristesse ce manoir où régnait si pleinement la paix, d'autant plus que j'éprouve chaque fois un serrement de cœur quand je franchis le seuil d'une demeure où j'ai passé de bonnes heures. La reverrai-je jamais cette demeure hospitalière? Y retournerai-je un jour dans ce pays dont le charme m'a ému?

La vie est un voyage et l'on ne parcourt pas toujours deux fois la même route. Hier ici, demain là, quand le terme du voyage n'est pas le lendemain. Les séparations sont un apprentissage de la mort; comme elle, elles sont graves.

Depuis longtemps, je n'avais pas si complètement savouré la vie qu'en ce petit manoir de la Cornouaille.

XIV

Le ciel était gris, un brouillard froid enveloppait les landes. L'ère des mauvais mois avait sonné : j'eusse voulu les vivre là, ces mois à l'extérieur attristé et dont la poésie n'est goûtée que de quelques-uns. Malheureusement je n'avais point, comme Jacques, fait table rase de tout ce qui n'est pas le vrai. Peut-être cela viendra-t-il?

En ceci comme en d'autres choses, nul doute qu'un jour la grâce ne me touche.

Mon dernier regard sur ce que je laissais, fut pour l'inscription dominant les deux piliers de la grille : *Parva domus, magna quies.*

— Veux-tu que je traduise ta pensée, me demanda Jacques en suivant mon regard : tu trouves les vaincus parfois plus heureux que les vainqueurs !

C'était vrai.

Il rassembla les guides, le cabriolet descendit le chemin pierreux et nous reprîmes la route de Pouldergat où, comme à l'arrivée, un char à bancs nous conduisit à Quimper. Pendant le trajet, mon ami, maîtrisant ses propres sentiments, cherchait à dissiper ma mélancolie par ses saillies de belle humeur.

— Le plus à plaindre, me disait-il, c'est moi. Celui qui s'en va a, pour le réconforter, le mouvement et l'air ambiant des endroits où il retourne, alors que l'autre demeure seul. La solitude, tu le sais, ne m'effraie point; mais tu as un peu gâté ma maisonnette en ce sens que tu lui as apporté la note manquante : la vieille amitié qui ensoleille les brumes. Qui va maintenant dissiper les embruns? Tu me dois une réparation et cette réparation c'est la promesse de revenir.

Lorsque tu auras contracté l'habitude de venir annuellement te délasser à Ker-Alec, ce sera un besoin impérieux pour toi et j'en bénéficierai.

D'ici là, je serai, à ton intention, la gazette de ce pays perdu auquel tu n'es plus étranger. En retour, tu me parleras des célébrités tapageuses de ta grande ville. Surtout point de politique; les écrivassiers ont encore du bon, ils sont quelquefois drôles dans la manière de faire du bruit autour de leur nom. Puis, ils ont, de jour à autre, une idée, tandis que vos farceurs politiques ne sont que des malfaiteurs : s'ils n'exploitent pas les grandes routes à l'instar des brigands de la Calabre, ils rançonnent les honnêtes gens à domicile.

— Et toi! ne feras-tu pas une fugue vers nous?

— Peut-être bien une fois avant ton retour, afin de goûter plus amplement après, le bonheur journalier de mon cher Ker-Alec; et cela, parce que tous, tant que nous sommes, il nous faut de temps en temps, à l'exemple du tyran de Samos, jeter un anneau d'or à la mer dans le but de bien apprécier notre félicité. Il m'installa dans le train et, dans un sourire humide, parodiant le mot célèbre d'un mélodrame :

— Maintenant à mes landes!

Le sifflet strident de la machine déchira l'air, le train s'ébranla; j'étais parti.

Jacques disparut.

Je laissais bien loin déjà *parva domus*! Trouverai-je un jour, moi aussi, cette petite maison et le *magna quies*? Que la Providence exauce mes vœux et me la donne!

CONFIDENCES D'UN LAPIN

I

Maintenant que les bêtes parlent et lisent !

Par une belle soirée de novembre, alors que le bois avait reconquis sa sérénité, je sortais de mon terrier avec toute ma famille afin de lui faire prendre l'air, lorsque, sur la bordure, auprès d'un chêne, mes petits enfants s'arrêtèrent à grignoter quelques pelures de poires.

Je les laissai faire d'autant mieux que, déjà grandelets, il fallait bien qu'ils s'émancipassent et se missent en devoir de pourvoir par eux-mêmes à leur nourriture.

La mère était au milieu d'eux chaque jour et les guidait encore au gagnage.

Une mère est toujours une mère.

A quelques pas de cette nourriture peu usitée chez notre gent, j'aperçus une feuille de papier que la brise agitait. Je m'approchai avec prudence redoutant un des mille pièges que l'on nous tend d'ordinaire.

Heureusement ce n'était point ce que je craignais. Cette feuille de papier, qui avait éveillé à la fois ma défiance et ma curiosité, n'était autre qu'un fragment de journal çà et là taché de graisse lequel, à n'en point douter, avait servi à envelopper le goûter d'un chasseur.

Par une belle soirée de novembre, je sortais de mon terrier.

II

J'allais passer outre et rejoindre mes camarades qui, de leur côté, abandonnaient leur retrait pour aller en plaine, lorsqu'un rayon de lune éclairant nettement ladite feuille du journal me permet de lire ces mots : *Mémoires d'un lièvre.*

Les lièvres, comme chacun sait, ne sont pas précisément nos amis ; mais ils souffrent les mêmes misères que nous et, à ce point de vue, ce qui les touche ne saurait nous être indifférent. Ces trois mots *Mémoires d'un lièvre* reluisaient devant mes yeux comme les prunelles d'un renard !

J'étais très intrigué. Je poussai le morceau de journal jusqu'à mon terrier, bien résolu, à ma rentrée du matin, à l'emporter jusque dans l'accul et là, une fois à l'abri du danger, à satisfaire ma curiosité.

Ainsi qu'il arrive lorsqu'on est dominé par une idée fixe, toutes mes pensées, pendant la nuit, se reportèrent sur cette feuille barbouillée de noir que le hasard avait jetée devant mes yeux. Ces caractères noirs m'attiraient. Mon repas de la nuit fut vite fait et, contre mon habitude, je ne m'amusai point à gambader avec les compagnons.

Après quelques lippées des plus frugales, bien qu'il y eût encore deux ou trois bonnes heures à jouir en paix de l'air frais, je rentrai chez moi.

Cette diablesse de feuille de papier excitait vivement ma curiosité.

III

Lorsque toute ma maisonnée, aux premières lueurs de l'aube, réintégra le logis, je savais à quoi m'en tenir. J'avais lu ce fragment des *Mémoires d'un lièvre* et j'attendais tout près de la bouche du terrier.

Alors que femmes, enfants et voisins furent autour de moi :

— En voilà bien d'une autre! leur dis-je.

A ma voix, tous dressèrent les oreilles.

— Oui, continuai-je, les lièvres écrivent leurs mémoires, et je vous laisse à penser s'ils sont intéressants! Ce ne sont que douleurs,

que misères, pompeusement étalées, à faire croire qu'ils sont les plus malheureux de la terre.

A chaque ligne, ce sont des doléances sur le sort qui leur est réservé, sort le plus lamentable au monde. Ah! mes pauvres enfants, on dirait, à les entendre, qu'il n'y a qu'eux de déshérités ici-bas. Pour les autres, tout va bien, tandis que pour eux, tout est au plus mal.

Avec leurs airs pleureurs et leurs mines affairées, ils cherchent à concentrer sur eux seuls la pitié universelle. Pas un moment de repos; la vie, pour eux, est semée d'angoisses perpétuelles. Et pour nous, donc!

Si j'écrivais, moi aussi, la triste histoire de notre vie à tous, je voudrais bien savoir lesquels, de ces messieurs les lièvres ou de nous autres, pauvres lapins, on plaindrait le plus?

— Ce serait peut-être une idée, se hâta de dire ma compagne, d'autant plus que tes souvenirs pourraient servir à nos enfants et à nos amis; les uns et les autres profiteraient de ton expérience.

Les idées des femmes ont quelquefois du bon; ce fut comme une clarté dans mon esprit.

— C'est cela, répondis-je, moi aussi, j'écrirai mes confidences, à seule fin de prouver à ces orgueilleux aux longues oreilles que, si nous ne nous lamentons pas comme eux, notre vie n'en est pas moins à plaindre; si nous avons pour nous la gaîté en partage, c'est que nous sommes plus philosophes!

Puis, ces notes d'un vétéran pourront être utilisées par nos descendants.

Mère et parpaillots approuvèrent des deux oreilles.

C'est ce qui fait que moi aussi j'ai tenu à consigner mes souvenirs.

IV

« Tout d'abord, je voudrais réhabiliter notre pauvre race un peu déconsidérée, parfois méprisée, laquelle, cependant, procure tant de jouissances à quelques-uns, est la ressource de beaucoup, et, en résumé, fait le fond et l'ornement de toutes les chasses bien aménagées.

Sans nous, qui ne reculons nullement devant la charge des nombreuses familles, que deviendraient les bois dépeuplés quotidiennement avec une ténacité capable de faire croire à un parti pris de détruire tout ce qui a vie!

Sans nous, à quel chiffre atteindraient ces tableaux fantastiques dont s'enorgueillissent les grands propriétaires chaque jour de chasse!

Sans nous, en fin de compte, il y a belle lurette que beaucoup de ceux qui s'intitulent orgueilleusement des Nemrods, auraient accroché le fusil au râtelier!

Notre gent est le plus clair de l'héritage des grands et l'espérance des petits.

Travailleurs obstinés, toujours en activité, nous représentons l'industrie.

Les lièvres, qui semblent nous regarder du haut de leurs grandes oreilles, ne sont point encore parvenus à se donner un abri contre les intempéries des saisons. Qu'il vente ou qu'il neige, ils couchent forcément à la belle étoile, se contentant de gratter superficiellement la terre pour se disposer une forme, là où ils sont surpris par les premières lueurs de l'aurore. Grâce à notre ingéniosité, nous sommes arrivés à nous creuser des habitations parfois inaccessibles à l'ennemi vu leurs complications, et très précieuses pour y passer sûrement les mauvaises heures.

Combien de vies ont été sauvegardées par ces demeures souterraines ouvertes à tous.

Plus que les lièvres nous avons le sentiment de la solidarité: nos terriers sont toujours prêts à accueillir les malheureux que les chiens poursuivent à outrance. Grâce à ces retraites, que de fois, au milieu du brouhaha d'une chasse, ce mot « terré » a retenti à nos oreilles attentives! Les chiens qui savent qu'à ce mot tout est fini pour eux cessent alors de crier, confus du bon tour qu'on leur a joué.

Les lièvres se fient à leurs longues jambes.

Pauvres insensés!

Ces longues jambes, dont ils sont si fiers, ne les mettent point à l'abri du danger, tandis que notre petit train-train en zigzags et notre course éclair aux travers des bruyères et sous les ronciers rendent le coup de fusil beaucoup plus difficile et nous évitent fréquemment les horreurs du carnier. Nous ne fournissons point de longues traites eu égard à notre conformation, mais notre procédé, troublant pour la plupart des chasseurs, ne nous réussit-il pas mieux ?

Je vous en fais juges. Il ne s'agit point de courir, mais bien de partir à temps.

Le lièvre parle volontiers de ses ruses : les nôtres, bien que n'étant point identiques, sont pour le moins aussi nombreuses et nous serions aises de le voir résister aux assauts de toute sorte qui nous sont livrés.

V

« Mais en voilà assez sur la comparaison que l'on établit d'ordinaire entre les lièvres et nous, comparaison tournant toujours à l'avantage des premiers.

Nous ne croyons pas mériter le mépris dont on nous enveloppe.

En ce qui concerne les doléances du lièvre, au sujet de ses propres misères, elles paraîtront peut-être moins touchantes si on se donne la peine de nous suivre dans notre vie accidentée.

Il a ses tribulations, nous avons les nôtres.

En ce monde de bruyères et de ronciers chacun à son lot d'infortunes !

VI

« Tous les moyens sont mis en pratique pour attenter à notre vie, les pièges les plus invraisemblables surgissent tout à coup sous nos pas, et l'homme implacable s'acharne avec férocité après notre espèce.

Entendez-le dans ses conciliabules ; quand il s'agit de nous il ne parle que de destruction ! Dans toutes les chasses ordinaires on ne nous épargne point, il se trouve toujours un coup de fusil à notre adresse ; mais en outre, la chasse est-elle fermée pour les autres qu'elle continue pour nous et, alors, c'est le plein du massacre.

On a envie de se faire la main, nous sommes de suite en avant. A-t-on été peu favorisé à la chasse, vite à la garenne. C'est encore nous, toujours nous !

Combien d'hôtes des bois, moins philosophes, n'y tiendraient pas !

Si notre vie ne se passe pas dans une angoisse perpétuelle, il y a lieu de s'en prendre à notre fond de gaîté intarissable ; cependant, on peut dire que les nuits et les jours sont une succession d'embûches auxquelles nous n'échappons que par l'intervention providentielle.

VII

« Ainsi, moi qui ai toujours habité le bois où nous sommes et dans lequel je suis né, c'est miracle si j'ai pu, jusqu'à ce jour, conserver ma pauvre peau. Vingt fois, en une semaine, je passe si près de la mort, que rien que d'y penser, j'en ai encore, à l'heure qu'il est, froid dans le dos.

Ce sont ces horribles battues, ces sortes de chiens à jambes courtes et torses qui galopent à travers les sentiers couverts, se glissent sous les buissons, nous dépistent dans tous les circuits, marches et contremarches que nous faisons sous les ronces.

Puis, le furet, cette sale bête se faisant lâchement l'auxiliaire de l'homme pour venir nous relancer jusqu'au fond de nos retraites, et nous réduire à un sauve-qui-peut général. Heureux, encore, quand à la porte il ne se trouve pas un filet pour nous envelopper.

Il y a aussi les panneaux, les collets, cette invention traîtresse que je trouve partout dans les haies à l'entrée des coulées de bruyères où nous allons nous divertir ou nous reposer.

Ce sont encore les renards, les fouines, les pies, les geais, les chats, etc.

Voulez-vous que je vous le dise, c'est le fusil que je redoute le moins.

Car, en somme, nous pouvons échapper au plomb, et cela arrive, Dieu merci, assez souvent. Quant à tous ces pièges disséminés, œuvre des coureurs de nuit et des bricoleurs, c'est à en perdre la tête.

VIII

« Cependant, je dois avouer qu'avec le temps, mon observation incessante et ma grande prudence m'ont rendu ces pièges un peu moins terribles.

Et comme je tiens à être, autant que possible, utile à mes sem blables, je vais vous faire part des remarques que j'ai faites dans ma vie aventureuse.

Ces quelques conseils d'un vétéran ne seront pas sans profit pour vous si vous voulez les suivre.

IX

« Ce qui nous est le plus fatal c'est la routine dans nos allures. Cette routine, nos ennemis la connaissent parfaitement et ils s'en servent avec succès! Je parlais tout à l'heure de cette funeste engeance de petits chiens à quête lente, repassant tous les circuits que nous avons faits, ils sont cent fois plus à redouter que les grands chiens qui nous font lever prestement et nous poursuivent de près. Avec ces derniers, notre parti est vite pris, nous détalons et gagnons rapidement un terrier où, pour le moment du moins, nous sommes en sûreté, tandis qu'avec ces petits criards, nous avons l'habitude de sautiller à droite et à gauche, de croiser nos voies pour les dérouter, offrant ainsi à nos ennemis l'occasion de nous envoyer du plomb, ce que ceux-ci, du reste, n'ignorent point. Moi, qui vous parle, quand j'entends des bassets que je reconnais tout de suite à l'allure traînante et mesurée, au lieu de multiplier mes crochets, je prends immédiatement un parti. Je pars comme une fusée et je file droit pour me rendre à ma demeure.

Lorsque les toutous haletants arrivent à la gueule du terrier, il n'y a plus personne!

En ai-je fait faire des buissons creux à des chasseurs attendant mon passage dans un routin ou entre deux bruyères afin de m'assassiner à leur aise!

X

« Pour les battues, voici mon procédé. Je commence d'abord par chercher à passer entre les rabatteurs; c'est là le moyen le plus pratique, il réussit souvent, cependant il convient de se garder de filer de côté, car il y a des chasseurs en retour et l'on risque fort d'entendre la poudre tonner.

Quand je ne puis franchir la ligne des traqueurs, marchant de front et à peu de distance les uns des autres, je me glisse sous les ronciers pour débusquer, si cela est possible, derrière un arbre, masquant les tireurs. Ceux-ci, d'habitude préoccupés de bien voir au loin, ne se cachent pas, ainsi que cela leur est cependant recommandé par l'organisateur de la chasse. Alors nous les découvrons de loin avant même qu'ils nous aient aperçus. Règle générale le chasseur vu par nous est évité. Cette manœuvre opérée, il s'agit de franchir le routin en face d'un épais taillis ; en agissant ainsi, ils ne peuvent jeter leur plomb après nous.

XI

« Il est beaucoup plus difficile de se garer à la chasse au chien d'arrêt ; là il faut absolument payer de sa personne. Signalés par le chien, il s'agit d'affronter le coup en déboulant rapidement de façon à servir de mire le moins longtemps possible.

Une ruse, dont je me suis souvent trouvé bien, est celle-ci : bondir dans les jambes mêmes du chasseur lorsqu'il se trouve très près ; ce saut imprévu le trouble, le force ainsi à se retourner pour tirer et, si la place n'est pas claire, le coup est basardé et passe parfois à côté.

Le mieux, afin de conjurer les manœuvres de ces diables de chiens aux manœuvres tournantes, c'est, lorsque nous nous gîtons, de choisir un endroit où il n'y ait aux alentours que du fourré. De cette façon, nous n'avons à redouter que ces tireurs qui nous estropient presque au vol, et l'espèce n'en est pas commune.

XII

« Je tiens maintenant à vous dire un mot de ces terribles fils de laiton que l'on rencontre partout : à toutes les issues du bois, à la sortie de nos demeures, à l'orée même des champs de blé, se mariant aussi bien avec un liseron qu'avec la bruyère fleurie.

Toutes nos coulées en sont infestées; c'est une peste contre laquelle il est bien difficile de se garantir.

Aussi je ne connais qu'un moyen de s'en préserver à peu près; c'est d'éviter de passer constamment par les mêmes coulées, et, lorsque nous allons au gagnage, de suivre autant que possible les larges voies.

Il faut se méfier des lisières des bois, de ces petits chemins voûtés qu'un passage fréquent désigne à l'attention.

Notre œil, si bien fait pour voir dans les ténèbres, doit redoubler de prudence, scruter les formes équivoques environnantes, bien se rendre compte de la couleur. Les branches de jeunes pousses n'affectent jamais les formes baroques que nous leur découvrons parfois à l'entrée des chemins. Si vous apercevez un scion dirigeant sa pointe vers la terre, alerte! le cuivre ou le laiton ont fait connaissance avec lui.

Très souvent, avant les quatre heures de relevée, ce maudit collet se trouve à l'entrée des terriers. Comme c'est généralement l'heure où nous avons coutume de prendre l'air, il est de prudence élémentaire de se glisser lentement jusqu'à l'orifice, d'inspecter la terre : un petit grattement avant de sortir, comme si l'on faisait une jouette, vous édifiera pleinement. Vous sentirez le traître fil se tendre sous votre patte.

XIII

« Coco! en voilà un mot malsonnant à nos oreilles! C'est le nom que l'on donne habituellement à ce mâtiné de putois lequel, comme je l'ai fait remarquer plus haut, se fait le complice de l'homme et devient l'exécuteur de ses basses œuvres; en fin de compte, c'est le furet, à l'aide duquel on fait chez nous des visites domicilières.

D'abord, sa présence, signalée par une odeur insupportable, a pour résultat de nous faire fuir à la débandade, abandonnant nos chambres les plus secrètes. A peine a-t-il fait quelques pas dans nos couloirs, que c'est une panique générale ; avec raison, nous cherchons à nous frayer une voie par toutes les issues. Cette bousculade, causée par l'affolement, rend notre sortie mortelle, car, en cette chasse souterraine et peu loyale, ce qui nous attend à la sortie, ce sont les bourses ou filets dans lesquels nous tombons captifs, ou bien encore le coup de fusil qui nous brise les reins.

Nos ennemis, attentifs, surveillent de l'oreille notre va-et-vient intérieur, ce signal de la fuite, tandis que leurs yeux sont braqués sur les gueules. En ces circonstances, j'ai pris le parti de ne jamais m'élancer d'un bond. J'arrive jusqu'à la sortie sans la franchir et surtout sans montrer ma tête; en deux secondes j'observe le terrain et je dresse mon plan de fuite.

Cette chasse au furet, qu'ils appellent la chasse à blanc, n'est très meurtrière que parce que nous sortons un à un. Si nous déboulions tous ensemble par toutes les bouches à la fois, en feu d'artifice, l'explosion de notre départ, en ce cas, serait troublante et ferait que bien des coups ne nous atteindraient point.

Du fond des terriers il est facile à nos oreilles aguerries et toujours sur le qui-vive de percevoir le moindre bruit. Or, c'est sur ce bruit que l'on doit se guider ; si l'on parle, l'ennemi est de ce côté-là. Une de nos mauvaises habitudes dont il faut absolument nous corriger, mes amis, c'est de mettre le nez à la porte du terrier comme le ferait un propriétaire désireux de connaître le temps qu'il fait.

Ce luxe nous est interdit ! Les chasseurs diligents dépêchent sur place au flâneur imprudent un coup de fusil dont on ne réchappe point.

Une fois, j'effectuai une sortie qui faillit m'être funeste. Un furet avait fait irruption dans notre chambrée et j'avais choisi, pour sauver ma peau, une travée très étroite débouchant au milieu des racines d'un gros arbre. Cette bouche, peu fréquentée, pouvait avoir la chance de n'être pas surveillée.

Suivant ma coutume, je m'étais dérobé à petits pas, afin d'entendre et d'observer avant de mettre le nez à l'air. Je n'avais plus que l'espace de deux fois ma longueur à franchir pour atteindre l'issue quand le drôle me sauta sur le dos. Je fis un bond tel que je le collai contre la paroi du plafond; il lâcha prise sous le coup et je déboulai avec la rapidité de l'éclair.

Je pus gagner le fourré; j'étais sauvé! Mais je l'avais échappé belle.

Un autre jour, j'avais choisi, en revenant de ma nuit, un terrier dont une des ouvertures se trouvait dissimulée par les racines tortueuses d'un gros châtaignier. J'avais opté depuis pour cet habitat, parce que l'arbre creux fournissait encore un abri.

Un matin, soudain un furet — que la peste les crève! — un furet, dis-je, trottine dans nos couloirs; je prends vivement la route de l'arbre, je grimpe dans l'intérieur et me voilà à deux mètres audessus des chasseurs, les observant par une ouverture. Fatigué de ne rien voir sortir, l'un d'eux leva la tête et m'aperçut; son étonnement fut tel qu'au lieu de mettre le fusil à l'épaule, il interpella un de ses complices en me montrant du doigt.

Je profitai de son peu d'expérience et je bondis au milieu de la bande sans qu'il m'en coûtât un poil.

XIV

« Puisque j'ai parlé du furet et des terriers, il est bon de rappeler qu'après avoir fureté une journée entière, quand ils nous savent tous dehors, les chasseurs font boucher nos demeures ou les empoisonnent en badigeonnant l'entrée soit avec du pétrole, soit au moyen de mèches soufrées.

Ce dernier procédé est celui qui nous est le plus préjudiciable, car l'odeur du soufre est insupportable, tandis que celle du pétrole s'évapore assez facilement. Quant à ces fusées d'artificier qu'on essaie parfois, elles n'ont aucune action : nous en voyons et en entendons bien d'autres.

XV

« Ce n'est point encore tout! Quand nous en avons fini avec la

journée des chasseurs, la nuit des braconniers commence. Par un joli clair de lune, nous nous trouvons à prendre nos ébats dans un sentier du bois, tout à coup une formidable détonation retentit et un de nous tombe foudroyé; les autres se sauvent à la débandade, trébuchent dans les panneaux ou sont étranglés par les fameux collets.

Ce que c'est que de nous!

Puis, ce sont les bandits du bois, les renards, les geais et combien d'autres! Je laisse de côté les inondations sources de tant de calamités.

Misères partout!

On ne vit guère vieux dans notre espèce; pour échapper à tant de malheurs, il faut être vraiment privilégié. Comment, moi-même, suis-je arrivé à un âge relativement respectable, je n'en sais vraiment rien.

On voit des lièvres blanchis par l'âge, mais de lapins, point.

Je veux bien qu'ils aient des tribulations de tous genres, mais il est certain qu'ils les ont moins longtemps; ils subissent environ quatre mois de chasse, tandis que nous, nous en avons presque dix; de plus, on ne les poursuit pas à outrance comme nous. Qu'ils se plaignent, rien de plus juste; mais qu'ils n'aient point l'air de se lamenter en disant qu'il n'y a qu'eux de malheureux. Il est dans leur nature de se faire de la bile et de se chagriner de tout.

Ce sont des mélancoliques!

XVI

« L'ennemi, c'est nous!

Vous voyez, d'après ce minuscule tableau des tristesses de notre vie que je viens d'esquisser et que chacun de vous connaît, qu'il est de mode de nous traiter en criminels et de nous dénoncer à la fureur de tous.

Si une récolte a manqué, c'est le lapin qui est coupable; il a dévoré le blé en herbe! Si un champ en lisière de bois que l'on n'a point ensemencé n'a, naturellement, rien produit, c'est encore le lapin qui a supprimé la récolte au fur et à mesure qu'elle croissait.

On en arrivera à dire que le lapin est la cause des années de disette.

Ah! mes amis, nous avons le dos bon; il en pleut sur nous de ces accusations calomnieuses!

Pas plus tard que l'année dernière, nous eûmes vent qu'une battue monstre, sollicitée par les riverains du bois, qui se prétendaient dépouillés, grâce à nos incursions nocturnes, allait avoir lieu. Le ban et l'arrière-ban des braconniers du pays furent convoqués pour procéder à notre extermination.

Ce fut un massacre épouvantable!

Ce qu'il fut tiré de coups de fusils je le laisse à votre imagination! Notre population était d'environ trois ou quatre cents. Le soir de cette sanglante journée, les survivants regagnèrent leurs cantonnements habituels. Vers les minuit nous étions en train de nous consoler et de prendre un repas bien mérité, lorsqu'un bruit insolite nous fit dresser les oreilles.

Si nous eûmes peur, je vous le demande! nous pensions la guerre finie.

Aussi, l'apparition d'un homme portant un grand sac sur le dos nous glaça-t-elle d'effroi, c'était sans doute un bricoleur soucieux de visiter les terriers; heureusement que nous étions dehors.

Quelle fut donc notre surprise lorsque nous vîmes l'homme s'arrêter dans une bruyère en contre-bas et déposer à terre un fardeau d'apparence fort lourde.

Je reconnus celui qui avait particulièrement poussé à cette journée de massacre, nous accusant de dévastations à travers ses récoltes et de lui avoir causé un dommage irréparable.

Il ouvrit son sac, d'où s'échappèrent une quinzaine de lapins.

Après quoi il s'éloigna tranquillement et ne reparut plus.

Que signifiait?

Je ne tardai pas à l'apprendre.

Cet industriel pratique avait tout bonnement acheté un champ en bordure de notre bois pour s'en faire des rentes. Il ne fumait ni n'ensemençait et, chaque année, on lui allouait une grosse indemnité pour nos prétendus dégâts. Par ce procédé, sa pièce de terre lui avait été, en quelques années, payée plusieurs fois sa valeur.

En voilà un qui serait navré si notre espèce était à la veille d'être anéantie.

Nous lui rapportons de si beaux bénéfices!

Aussi de peur de voir la source de ses revenus diminuer, après avoir, en compagnie, occis tout ce qu'il avait pu pendant cette triste journée, était-il revenu en sournois remettre de nouvelles recrues pour réparer les vides : ce citoyen a la prévoyance de l'avenir. Nos congénères qu'il apportait avec la sollicitude d'un conservateur étaient des hases destinées à entretenir un niveau de population sur laquelle il avait établi un impôt.

XVII

« Que de fourberies dans l'espèce humaine!

On nous accuse! Vite nous sommes condamnés.

Les propriétaires de nos bois murmurent, mais ils doivent se soumettre; en vain réclament-ils trois expertises règlementaires : la première, en octobre ou en novembre, la seconde, en mars, à l'époque de la levée, la troisième, en juillet, avant la moisson.

Les braconniers et autres paysans déclarent que nous leur

enlevons le pain de la bouche et on les croit sur parole. Histoire de bénéficier plusieurs fois sur notre dos en nous massacrant en coupe réglée et ensuite en touchant le prix de nos prétendues déprédations.

XVIII

« Ainsi va le monde : les petits paient toujours pour les grands! Comme l'on doit supporter ce que l'on ne saurait empêcher, faisons contre mauvaise fortune agréable visage et vivons gaiement les bonnes heures que la destinée nous accorde.

Établissez vos demeures le plus prudemment possible, loin des bas-fonds et dans des cantonnements, où, en prévision des durs hivers pendant lesquels tout manque, vous puissiez trouver le frêne et l'acacia à l'écorce tendre ou encore le tilleul et l'orme. Les plants de bouleaux sont un triste garde-manger; il est d'une sage précaution de les éviter, vu que, dans les temps de neige, ces arbres sont une piètre ressource.

Un dernier conseil.

Si le matin vous voyez une toile d'araignée garnir l'orifice d'un terrier, gardez-vous bien de la briser, entrez par une autre bouche.

Au vu de cette toile intacte, les chasseurs s'imagineront que la ville souterraine est inhabitée; ainsi, vous pourrez jouir peut-être d'une journée de tranquillité, ce qui n'est point à dédaigner. Nous en avons si peu!

Mais, en grâce! que les lièvres ne s'arrogent plus le monopole des misères.

Quant à nous, je crois que nous sommes tout simplement des héros de belle humeur prenant la vie comme il convient : un jour de soleil et un jour d'orage.

Si nous n'avions pas des familles aussi nombreuses, qu'adviendrait-il des bois !

Enfin, multiplions; et vous, mes bons amis, ne négligez pas mes conseils.

Le jour pointe, il n'est que temps, mon aimable commère, de regagner nos terriers.

Ce soir, au crépuscule, si Dieu nous prête vie, nous irons folâtrer dans la bruyère ! »

Pour copie conforme :

CHARLES DIGUET.

TABLE DES MATIÈRES

FIN DE LA TABLE

Typographie du Magasin pittoresque (Eugène Best), rue de l'Abbé-Grégoire 15

CHEZ LES MÊMES ÉDITEURS

LE CHIEN

Son histoire, ses exploits, ses aventures, par Alfred Barbou, bibliothécaire à la bibliothèque Sainte-Geneviève. Un volume grand in-8 raisin, illustré de 87 compositions par E. Bayard, Couturier, Adrien Marie, Charles Jacque, etc. **10 fr.**

Le Chien dans l'histoire. — Histoire naturelle du Chien. — Les Chiens guerriers. — Les Chiens défenseurs et sauveurs de l'homme. — Les travailleurs. — Les Chiens de chasse. — Les Chiens dans l'intimité. — Les irréguliers. — Le Chien à Paris. — Le Chien et ses protecteurs. — Zootechnie et hygiène du Chien.

Cartonné toile pleine rouge, plaque or, tranches dorées . . . **13 fr.**
Relié demi-chagrin, tranches dorées. . . . . **13 fr. 75**
— plats papier, tête dorée, coins. . . . . . **14 fr. 50**

LA VIE A LA CAMPAGNE

Chasse, pêche, courses, haras, nouvelles, beaux-arts, agriculture, acclimatation des races, pisciculture, régates, voyages, bains de mer, eaux thermales, etc. 6 beaux vol. grand in-8 jésus, ornés de nombreuses gravures sur acier et de plus de 2,000 gravures sur bois intercalées dans le texte. . . . . **60 fr.**

Le tome Ier ne se vend pas séparément; chacun des autres volumes, séparément. . . . . **10 fr.**

Complément de la vie à la campagne, composé de onze volumes grand in-8 jésus, qui forment les tomes VII à XVII de la publication. Ces onze volumes sont, comme les six premiers, illustrés de nombreuses gravures placées dans le texte et de grandes compositions hors texte.

Les tomes I, X, XI, XIV et XVII sont épuisés.
Les autres volumes se vendent séparément. . . . . . **5 fr.**

A CHEVAL! EN CHASSE!

Par Robert de Fauconnet

Charmant volume in-8 écu, tiré sur papier teinté, édition d'amateur, et orné de 70 gravures par Bodmer, Charles Jacque, Yan' Dargent, René Valette, etc.. . . . . **5 fr.**

Il a été tiré de cet ouvrage 25 exempl. sur papier du Japon. **25 fr.**

LES AVENTURES DU BARON DE MUNCHHAUSEN

Édition nouvelle, traduite de l'allemand par Th. Gautier fils, et illustrée de 155 gravures sur bois par Gustave Doré. 1 volume in-4 . . **4 fr.**

Cartonné en toile rouge, avec plaque or tranches dorées. . . **7 fr. 50**

LA CHASSE ET LA TABLE

Par CHARLES JOBEY

Nouveau traité en vers et en prose donnant la manière de chasser, de tuer et d'apprêter le gibier. Joli volume in-8, papier vélin glacé, avec gravures sur acier. . . . . **3 fr. 50**

Le Livret de Chasse. Joli petit volume illustré de 9 gravures, et suivi de la loi sur la chasse, indispensable aux chasseurs. Relié, **2** fr.

BIBLIOTHÈQUE INSTRUCTIVE

Collection de vol. in-16 illustrés, broch. 2 fr. 25
Cartonnés en toile rouge avec plaques or, tranches dorées, 3 fr. 50

(34 volumes parus)

LES CHASSES DE L'ALGÉRIE *et notes sur les Arabes du Sud*, par le général MARGUERITTE. (4e édition.) 1 volume orné de 65 gravures sur bois.

Les Exercices du corps, par G. BONNEFONT. 1 vol., 50 gravures.

Gymnastique. — Natation. — Equitation. — Tir. — Chasse. — Pêche. — Canotage. — Patinage. — Vélocipède. — Rallye paper. — Escrime. — Boxe. — Canne. — Lutte. — Courses et régates.

Les Insectes nuisibles à l'agriculture et à la viticulture (Moyens de les combattre), par E. MENAULT, 2e édition. 1 volume orné de 105 gravures sur bois.

La grande Pêche (Les tortues de mer, les animaux inférieurs), par le Dr H.-E. SAUVAGE, directeur de l'établissement aquicole de Boulogne-sur-Mer. 1 vol., 70 gravures.

Tortues de mer et écaille. — Crustacés. — Pourpre des anciens. — Huître. — Moule. — Nacre et perles. — Corail. — Eponge.

La grande Pêche (Les Poissons), par le Dr H.-E. SAUVAGE (2e édit.) 1 vol., orné de 87 gravures.

Raies et squales. — Esturgeon. — Thon. — Maquereau. — Morue. — Hareng. — Sardine. — Anchois. — Saumon. — Anguille.

Le Combat pour la vie (*L'esprit des petites bêtes et des poissons*), par O. DE RAWTON. 1 volume orné de 90 gravures sur bois.

Plantes carnivores. — Les infiniment petits. — Ténias et trichines. — Sous les eaux. — Les insectes. — Les araignées.

Les Plantes qui guérissent et les Plantes qui tuent, par O. de RAWTON. (2e édition). 1 volume illustré de 130 gravures sur bois.

La Mer, par A. DUBARRY. 1 volume orné de 90 gravures.

Les courants. — L'air. — Agitation de la mer. — Action érosive de la mer. — Profondeur, couleur et salinité de la mer. — Température de la mer. — Faune et flore de la mer. — Monstres de la mer. — Les infiniment petits. — Les faiseurs d'îles. — Les atolls. — Les pluies. — Origines de la marine. — Marine de guerre et marine marchande. — Les marins. — Baigneurs et pêcheurs.

Le Boire et le Manger, par ARMAND DUBARRY. 1 volume orné de 126 gravures sur bois.

Le pain. — La viande. — Le lait. — Les légumes. — Les fruits. — Les Condiments. — Les boissons (eau, vin, vinaigre, bière, cidre et poiré, alcool, liqueurs).

Paris. — Typographie du MAGASIN PITTORESQUE, 15, rue de l'Abbé-Grégoire.

www.ingramcontent.com/pod-product-compliance
Ingram Content Group UK Ltd.
Pitfield, Milton Keynes, MK11 3LW, UK
UKHW020113200726
13856UKWH00002B/525

9 782012 993457